天赋之外
金牌之上

信息学竞赛世界冠军的征途

商静波 赵馨 ◎ 著

科 学 出 版 社

北 京

内 容 简 介

大学初见，林那斯、陆径和苏加嘉因信息学竞赛结缘，组建"龙舌兰"队。他们凭借天赋与努力，从选拔赛一路过关斩将，以中国最强队伍之姿进军世界总决赛，却抱憾而归。

历经两年沉淀，"龙舌兰"队在挫折中淬炼，信念愈加坚定。再度冲击世界总决赛，他们战胜史上最强对手，在主场荣耀夺冠。这场胜利不仅是技术层面的成功，更是团队精神、坚持与热爱的辉煌写照。教练叶老师的引领，陆径对偶像顾韵的追随，林那斯与夏茵、时悦的情感交错，都见证了青春的成长与蜕变。

毕业之际，"龙舌兰"队三人迎着时代的浪潮，踏上各自不同的人生旅程——深造、创业、探索个人价值。天才亦有迷茫与挣扎。十五年后再相聚，他们深知成功无法被计划，唯有热爱与坚持，才能超越天赋，攀登金牌之上，奔赴更广阔的未来。

图书在版编目（CIP）数据

天赋之外、金牌之上：信息学竞赛世界冠军的征途 / 商静波，赵馨著. -- 北京：科学出版社，2025. 6. -- ISBN 978-7-03-081901-7

Ⅰ. TP311.1

中国国家版本馆CIP数据核字第2025RH7839号

责任编辑：孙力维　赵艳春 / 责任校对：魏　谨
责任印制：肖　兴 / 封面设计：郭　媛

科 学 出 版 社 出版
北京东黄城根北街16号
邮政编码：100717
http://www.sciencep.com

北京中科印刷有限公司印刷
科学出版社发行　各地新华书店经销

*

2025年6月第 一 版　　开本：720×1000 1/16
2025年6月第一次印刷　　印张：17
字数：285 000

定价：88.00元

（如有印装质量问题，我社负责调换）

致敬中国信息学竞赛的光辉岁月

龙舌兰未解散

序

2024 年 12 月 24 日，商静波的一则微信，瞬间将我的记忆时钟拨回到 28 年前：
"俞老师，最近赵馨'考古'了我邮箱里以前 ACM-ICPC[1] 竞赛队的训练小结，
感到这段青春很燃，大受鼓舞，很想以这个比赛为背景写一部青春励志作品。"

ACM-ICPC 这项比赛改变了我的命运，也改变了我身边很多学生的命运。
太多画面如史诗大片般一幕幕呈现在眼前，赛场上的惊心动魄、机房里的没日没
夜、节假日的"不打烊"、AC[2] 后的击掌、WA[3] 后的无奈、上榜时的激动、落
榜时的失落、登顶时的拥抱、失误时的自责、冲突时的争吵，以及解不出题时几
天几夜的冥思苦想，还有瞬间灵光一现时的如释重负……

2002 年，我率领上海交通大学队伍（林晨曦、陆靖、周健）在夏威夷夺得
中国乃至亚洲历史上首个 ACM-ICPC 世界冠军。这是一个历史性的突破，以此
为契机，上海交通大学 ACM 班应运而生，成为国内培养顶尖计算机人才的重要
摇篮。此后，上海交通大学队伍屡次在世界总决赛上摘得金牌，2005 年（全球冠军：
戴文渊、赵爽、杨博海）、2010 年（全球冠军：郑翼、吴卓杰、金斌）、2012 年（全
球第四：胡张广达、刘彦、刘奇）、2013 年（全球亚军：商静波、金斌、郭晓旭）、
2016 年（全球亚军：倪昊斌、黄文瀚、刘严培），他们不仅在信息学竞赛史上
留下了浓墨重彩的一笔，毕业后也一直在计算机科学的广阔领域继续发光发热。

我时常在想，信息学竞赛究竟能给孩子们带来什么？并非每支队伍都有机

1）ACM-ICPC：ACM International Collegiate Programming Contest，ACM 国际大学生程序设计竞赛。
2）AC：Accepted，测试通过。
3）WA：Wrong Answer，错误答案。

会站上世界总决赛的舞台,更不是每个人都能摘得金牌。但我仍看见一代又一代的年轻人义无反顾地投身其中,拼搏不止。

在我看来,那些在信息学竞赛中全力以赴的孩子,无论比赛成绩如何,未来发展都不会差。竞赛中的磨砺,不仅锤炼了思维的敏锐与技术的精湛,更塑造了迎难而上的勇气和不懈探索的韧性。这些经历,让他们在人生更广阔的舞台上,同样能以坚定的步伐勇往直前。

每当看到关于电竞或竞技体育的文学、影视作品,我总会忍不住想:什么时候能有一部讲述信息学竞赛的故事?可惜几乎没有这样的作品。或许因信息学竞赛门槛较高,唯有亲历者才能真正理解其中的逻辑推理与策略较量;或许因大众对它的认知仍然停留在"写代码"层面,认为它不如电竞或体育赛事直观,富有观赏性和对抗性;甚至很多人误以为信息学竞赛选手已是天之骄子,竞赛保送,一路顺风顺水,不曾经历真正的挑战与挫折。

但事实上,信息学竞赛同样承载着竞技精神、团队合作、坚持与拼搏的信念。我看见信息学竞赛里那些鲜活的"人"与"故事"——不仅关乎解题,更关乎挑战自我、突破极限,关乎每一位选手在坚持与放弃间的挣扎,关乎汗水、泪水、梦想与荣耀。它同样是一群少年的青春,是那些在代码世界里不断拼搏、不停试错、不肯认输的少年的青春。

所以,看到《天赋之外、金牌之上 信息学竞赛世界冠军的征途》这部作品,我倍感欣喜。作为信息学竞赛的亲历者,商静波既见证过赛场上的辉煌,也经历过失败与迷茫。他深知那份拼搏的热血,也懂得困境中的挣扎与成长。正因如此,这本书不仅极具真实性,更精准捕捉到竞赛选手的心理变化,展现了团队协作的微妙张力、训练过程中的关键挑战、失败后的调整与重振,以及赛后面对人生选择时的复杂情绪。赵馨细腻又严谨,让书中的故事更具温度。她查阅了上海交通大学 ACM 队多年的训练与比赛总结,深入剖析选手在不同阶段遇到的挑战、心理历程及自我调整、突破的过程。她的努力,让这本书在情感上更加生动,使读者能够切身感受赛场上的焦灼、团队协作的默契与磨合,乃至每一个夜晚的自我怀疑与成长。这份用心与执着,令人敬佩。

这并不是两位作者的首次合作。此前,他们曾共同出版《大话计算机科学:生活中的计算思维》,以生动易懂的方式普及计算机科学,填补了中文计算机科普领域的空白。今年再度携手，他们不仅是讲述一个关于竞赛的故事，更是在努力还原一群年轻人的青春——他们如何面对挫折，如何找到自己的方向，如何在不断突破中成长。

他们想传达的理念，与我所坚信的一致——信息学竞赛从来不仅是一场比赛，更希望通过比赛培养参赛者的思维能力、问题解决能力，以及面对困难时的坚持与勇气。许多人误以为，信息学竞赛只是"多刷题""拿金牌"，是"保送名校"的工具，而忽略了其更深层次的价值。真正的信息学竞赛高手，不仅能写代码、会刷题，更具备抽象思维、逻辑推理、算法建模的能力，能在不确定的环境中迅速找到最优策略。这种能力不仅适用于竞赛，更适用于科研、工业，乃至更广阔的社会现实。

信息学竞赛不仅是能力的较量，更是品格的塑造。一个真正优秀的竞赛选手，不仅能解出最难的题目，更能在困境中迎难而上，在团队中懂得信任与协作，在人生抉择面前独立思考，作出符合自己价值观的决定。信息学竞赛虽然是智力竞技，但最终决定一个人能走多远的，从来不是解题速度，而是其品格、责任感和对世界的理解。

本书正是这样一部引人深思的作品。它不仅如实记录了参赛者在信息学竞赛中的成长轨迹，更在深层次上探讨了天赋与努力的关系、团队合作的重要性，以及胜负之外更值得追寻的东西。这不仅是一本关于信息学竞赛的书，更是一部关于青春、奋斗与成长的作品。

这是一部值得认真阅读的作品。它值得每一位曾经参加、正在参加，或想要了解信息学竞赛的人阅读，也值得每一位正在经历青春或怀念青春的人阅读。从事计算机科学教育近四十载、与信息学竞赛打交道近三十载，我相信它将带给你共鸣，带给你思考，也带给你对未来更深远的期待。

俞 勇

国家高层次人才特殊支持计划教学名师

CCF（中国计算机学会）杰出教育奖获得者

上海交通大学教授、ACM 班创始人

2025 年 4 月于上海

前言

在翻开这本书之前，我们希望你能先花一点时间读一读这篇前言。

这里不仅是本书的开篇，更是我们想与你分享的心里话。我们想告诉你，我们为什么创作本书以及我们是如何创作本书的，也希望在你进入故事之前，先了解故事背后的故事。

为什么写这本书？

一次偶然的翻阅，让本书有了诞生的契机。

作者之一赵馨，在翻看另一位作者商静波当年在上海交通大学 ACM 队训练、参赛时期的小结时，被其中的一句话深深打动。那是他的队友郭晓旭（2013 年 ACM-ICPC 世界总决赛金牌、亚军）在训练和比赛屡遭挫折时，为激励自己和队友而写下的：

"我们不会永远失败，正如我们不会永远成功。"

这句话不仅是一支队伍的感悟，也是信息学竞赛（简称为"信竞"）的真实写照，更是人生的写照。每一支队伍都会经历失败、突破与成长，每一代信竞人都在拼搏的路上前赴后继，每个人的人生都会面对低谷与崛起。

1996 年，中国代表队首次站上 ACM-ICPC 世界总决赛的舞台。那时，信竞在国内尚处于起步阶段，选手们摸索前行，甚至找不到像样的训练资源。但从那一刻开始，一扇通往世界的大门打开了。从 20 世纪 80 年代的全国青少年计算机程序设计竞赛（NOI前身），到近三十年的蓬勃发展，中国信竞走出了一条从无到有、从探索到崛起的不凡之路——见证了一支支队伍从零开始，最终站上世界之巅；见证了一代代选手在 IOI[1] 和 ACM-ICPC 世界总决赛上称霸全球；也见证了越来越多的信竞人将竞赛精神传播到更广阔的领域。

信竞的影响力早已超越赛场。AI 时代到来，这群曾经的竞赛选手成为 AI 研究者、工程师、产业创新者。最近大火的 DeepSeek 背后，就凝聚了众多顶尖信竞高手的智慧与力量。

信竞不仅是一场竞技比赛，更是一种精神的传承。它代表着对算法之美的追求，对计算机科学的热爱，以及在困难中不断突破自我的勇气。

商静波是幸运的，他既是这段历程的亲历者，也是见证者。

赵馨和商静波商量后决定——要把这些经历记录下来。

因为——

有些故事，不该被遗忘。有些精神，值得被铭记。

于是，我们决定写下这本书。

这是一本小说，还是一本纪实文学？

最初，我们曾想把这本书写成纯粹以信竞为背景的小说，毕竟，这种形式能吸引最广泛的受众。然而与编辑交流时得到的反馈却是：故事太过平淡，缺乏爽点。

可是，真正的信竞之路，怎么会是一部爽文？

它是日复一日的训练，是无数次失败后的咬牙坚持，是在代码与算法的世界里摸索前行，是面对瓶颈与压力时的自我突破。它不是一路坦途、高奏凯歌的胜者通道，而是布满荆棘与挑战的试炼场。失败和挣扎都不可避免，唯有在一次次跌倒后爬起，才能看见真正的成长。

1）IOI: International Olympiad in Informatics，国际信息学奥林匹克竞赛。

我们不愿为了迎合市场而刻意制造戏剧冲突。于是，这本书的出版一度陷入停滞。那段时间，我们默默查阅资料，翻看上海交通大学 ACM 队自成立以来的训练小结，一点点回顾和积累真实的故事。我们并不知道这些内容最终能否出版，是否会有人看到。但直觉和责任告诉我们，这些经历值得被记录，我们应该继续写下去。

直到一次机缘巧合，我们结识了科学出版社的赵艳春编辑。彼时，她正在寻找关于信竞内容的创作素材，尤其想探讨努力与天赋的关系和成功的多元化——这正是我们最初想表达的核心。就这样，我们的想法与她的理念不谋而合，这本书也终于找到了落地的可能。

在随后的讨论中，我们探讨最多的问题是：该如何呈现这段故事？是采用纪实文学甚至真人访谈，还是坚持最初的设想，采用纯粹虚构的故事架构？

我们犹豫很久，是否要完全纪实化地记录这些故事。毕竟，信息学竞赛的世界从不缺少真实的大神与传奇。我们曾亲眼见证无数选手在赛场上拼搏，听过无数关于训练、比赛、组队及赛后人生选择的故事。最终我们选择了半纪实、半虚构的写作方式。因为我们发现，有些经历和情感并不适合用访谈或真人出镜的方式表达。纪实可能流于形式，过度虚构又会失去现实的厚重感。

信竞选手的成长之路往往伴随着痛苦、挫折和艰难的抉择，而正是这些难以公开言说的部分，真正塑造了选手的心理与命运。如果采用完全纪实的形式，受访者可能会倾向于回避最私人的情感挣扎，最终呈现出的很可能只是浮于表面的、被成功学包装过的"励志故事"。我们想记录的不只是成功，更是那些更深刻、更真实、更动人的经历。

事实上，我们并非第一个选择这种写作模式的人。本书既不是传统意义上的小说，也不是单纯的纪实文学，而是介于真实与虚构之间的表达——它是对信息学竞赛文化的记录，对拼搏与坚持精神的致敬，更是对失败与成功本质的探寻。

我们想呈现的不只是比赛本身，更是那些藏在竞赛背后的动人故事——天赋与努力的碰撞，梦想与现实的较量，挑战极限的勇气，寻找方向的迷茫，以及成长过程中最真实的挣扎与蜕变。

半纪实、半虚构的模式是如何实现的？

半纪实——这并不是凭空捏造的故事，而是无数真实队伍、真实选手经历的汇聚。书中的每一场比赛、每一次胜负，几乎都能在现实中找到原型。

我们查阅了上海交通大学 ACM 队历年的训练与比赛小结，总结竞赛中的常见问题，并结合现实中的原型比赛构建故事脉络。

如果你熟悉信竞的世界，一定能在书中看到许多熟悉的影子：上海交通大学，ITMO，ACRush，Petr，Tourist……甚至某些瞬间，曾让亲历者热血沸腾，它们真实发生过，如今被重新演绎，成为另一种形式的回忆与传承。

通过故事里的训练小结，人们可以看到三位主人公的每一次成长。这些小结并非杜撰，而是源于大量真实资料，它们是现实的印记。这些小结不仅增加了纪实的厚重感，我们也希望借此以小见大——解析每支竞赛队伍、每位选手都会遇到的关键问题：团队协作、策略调整、心理压力、临场决策……

半虚构——结合商静波的信竞经历，我们塑造了三位核心队员，通过他们的视角还原信竞的真实体验——赛场上的压力、团队协作的矛盾、训练中的突破，以及毕业后的人生抉择。

在写作过程中，身边有朋友问："书中里的三位队员，是不是就是商静波、金斌和郭晓旭？"

商静波、金斌（2010 年 ACM-ICPC 世界总决赛冠军、2008 年 Topcoder 全球公开赛高中组和全年龄段组双料冠军）和郭晓旭当年组建 Mithril 队伍，获得 2013 年 ACM-ICPC 世界总决赛亚军。书中的三个角色的确融入了一些商静波、金斌和郭晓旭的经历。但三位主人公远非他们三人的简单复刻，也远远不止于某个具体的人，他们是千千万万信竞选手的缩影和代表。

书中许多故事源自真实竞赛人的经历，汇聚成三位主人公的成长轨迹。比如，"看错气球做对题"，原型来自楼天城 ACRush（中国公认的信竞第一人，2004 年 IOI 金牌，2007、2009 年 ACM-ICPC 世界总决赛亚军，小马智行 Pony.ai 联合创始人）回忆录里的一段内容；"我们是要创造历史的"，参考的是 2011 年清华大学队伍（郭华阳、杨弋、周东）错失世界总决赛冠军的遗憾；"盛放的龙舌兰"，致敬的是 2002 年代表中国第一次夺冠的上海交通大学队伍（林晨曦、陆靖、周健），比赛过程参考的是 2005 年代表中国第二次夺冠的上海交通大学队伍（戴文渊、赵爽、杨博海）和 2010 年代表中国第三次夺冠的上海交通大学队伍（郑罡、吴卓杰、金斌）的真实经历；"达卡赛区传说"基于 Mithril 队伍的真实经历；"美少女战士？龙舌兰！"提到的"Lollypop"队名及队名背后的故事来源于上海交通大学女队原型（康南茜、周玉姣、柳古月，2008 年吉隆坡赛区冠军）；"因为你是女生""是女生又怎么样""女生也可以走很远"，灵感来自缪沛晗（2009 年 NOI 最佳女选手，2011 年 ACM-ICPC 北京赛区最佳女队、新竹赛区亚军，现任布朗大学计算机系助理教授）写在上海交通大学 ACM 班回忆录的心路历程；"每个人都有自己的人生"中的澳大利亚流浪记，来自商静波的师弟毛宇宁博士的真实经历。

还有，苏加嘉毕业后毅然放弃百万年薪，投身信竞的基础教育，尤其关注资源匮乏地区的孩子。这一角色的结局设定，灵感来源于杜瑜皓（2015 年 IOI 金牌，2017 年 Topcoder 全球公开赛总冠军，2017 年 ACM 世界总决赛第六，Codeforces 等级分排名 2020 年全球第一，现任代码源首席技术官）和蒋凌宇（Codeforces ID jiangly，等级分在 2024 年超过 4000 达到 4039，位列 Codeforces 历史最高）的真实选择。

既然是青春故事，自然涉及情感元素，书中这部分内容更偏向虚构。我们并未刻意渲染情感线，而是希望借由角色的经历，探讨什么是健康的感情，如何爱自己、爱他人，以及如何在爱中共同成长。我们想呈现的不只是情感本身，而是成长的过程——如何在并肩前行的路上理解、包容、支持彼此，如何在奋斗与挑战中，找到真正的共鸣和力量。

在创作过程中，我们不仅讲述比赛，更希望呈现他们在青春岁月里经历的一切——成长、收获、焦虑、挫折，以及面对未来的迷茫与抉择。借由他们的故事，探讨天赋、努力、成功的多元定义，思考竞赛之外，人生的意义究竟是什么。

我们希望以半纪实+半虚构的写作方式，让信竞的故事不再局限于小众圈子，而是走向更广泛的读者群体。我们希望让更多人了解信竞，了解中国信息学竞赛走过的漫漫征途，体会选手背后的热血、坚持、挣扎与成长。

让更多人明白，天赋之外，努力与付出同样重要。

让更多人看到，金牌之上，还有更值得追寻的东西。

通过这本书我们想要表达什么？

这本书不仅关于竞赛，更涉及青春、成长、热血、初心、挫折、失败，以及天赋与努力的辩证关系、成功的多样性。这些问题没有标准答案，因此我们的目的是引发读者思考，而非给出结论。

天赋之外，是什么决定了一个人的成长？金牌之上，还有更值得追求的东西吗？

在大众认知里，世界冠军往往意味着天赋异禀、所向披靡，仿佛他们生来就是胜利者。但我们想讲述的是另一种真实：天才也会迷茫和纠结，天才也有平凡的一面；天赋可以让人起步更快，但真正的成长，依靠的始终是持续不断的努力。

书中三位主人公在夺得世界冠军后，并没有走上同样的道路。有人选择科研，继续攻读博士，探索计算机科学的未知边界；有人进入工业界，让技术落地，让代码真正改变世界；有人放弃百万年薪，投身基础编程教育，致力于消除地区性教育差距。

这些选择没有高低之分，科研并不比工业界"高尚"，工业界也不比科研"现实"，每条路都是对世界的贡献。然而，在世俗观念里，成功似乎有一个固定的模板——更高的学历，更好的工作，更高的收入。但真正的成功并非千篇一律，而是个性化的，它应该是一种由内而外的满足，一种能让人发自内心认同的选择，是借由人生轨迹对自我精神内核的生动诠释。

与此同时，我们也希望探讨女生在计算机科学和信竞领域的困境与突破。计算机科学长期以来被认为是"男性主导的领域"，而信竞更是如此。从参赛人数到获奖比例，女生远远少于男生。很多时候，这种差距并不是来自能力，而是来自社会刻板印象和性别偏见。因此，书中也记录和讲述了那些打破偏见、坚持探索的女生的故事。

竞赛的意义从来不只是让少数人站上巅峰，而是让每一个热爱它的人在参与过程中收获成长。它教会我们的不只是解题技巧，更是一种思维方式，一种面对挑战的勇气，一种在失败中调整、自我超越的能力。

我们想探讨的并不仅仅是信竞，而是它赋予选手的真正价值——不是金牌，而是突破极限的信念、坚持梦想的初心和探索世界的勇气。

一些彩蛋

三位主人公的名字

林那斯的名字来源于开源操作系统 Linux 的主要作者 Linus；陆径的名字取自最短路径等图论问题中的"路径"，且恰巧与中国首支 ACM-ICPC 世界总决赛冠军队伍中的选手陆靖同音；苏加嘉的名字则源于信竞中最常用的编程语言 C++ 的谐音。

为什么三位主人公的参赛队伍取名为"龙舌兰"？

最初，我们只是想让队伍的名字融合三位主人公的姓氏——林（L）、苏（S）、陆（L）的拼音缩写 LSL，恰好与龙舌兰的拼音缩写一致。更巧的是，龙舌兰（Agave）在我们生活的南加州随处可见。深入了解这种植物后，我们发现它的特性竟与信竞精神有着惊人的契合。

龙舌兰，生长在干旱荒野之中，能在恶劣的环境下深深扎根、顽强生存，最终酝酿出醇厚的佳酿。这份坚持与磨砺，就如同信竞选手日复一日的训练、无数次的失败与突破。龙舌兰一生只开一次花，开花时，十几米高的花序傲然绽放，壮观而耀眼，就像 ICPC 赛场上的世界冠军——积蓄数年的努力，最终站上巅峰，迎来最辉煌的一刻。龙舌兰开花后虽会枯萎，但会在周围播下种子，孕育新的生命。就像三位主人公，他们在大学生涯中积蓄力量夺得世界冠军，退役后把经验和精神传承给下一代选手，培养新的信竞人。龙舌兰忍受风沙与干旱，最终被酿成甘醇美酒。就像信竞选手经历无数高压训练和失败的磨砺，最终沉淀出宝贵的智慧与经验，成就自己，也影响后来者。

"龙舌兰未解散"是三位主人公毕业后建立的微信群名称。他们虽已退役毕业，但始终保持联系，成为一生彼此信任的朋友。

然而，这六个字的意义远不止于此。

"龙舌兰未解散"意味着——信竞的精神从未消散。即便一届届选手毕业离开，新的队伍仍在成长，新的选手仍在拼搏。

未解散的，是千千万万支中国队伍；未解散的，是信竞人心中不灭的火焰。

我们的心愿

如果有一天，这个故事能被搬上银幕，让更多人感受信竞的激情与挑战，见证中国信竞人 30 年来的拼搏与成长，让鲜活的人物与故事被看见，让更多年轻人因它而启发，因它而热血，因它而奋进，因它而突破——这将是我们最大的心愿。

商静波　赵　馨
2025 年 3 月

目录

楔　子

第一篇　初识组队：三人成行

1　十五年前 ·· 6

2　最合适的三人组 ··· 9

3　今天的橙子好香 ··· 14

4　美少女战士？龙舌兰！ ······························ 17

5　因为你是女生 ·· 22

6　π 夜奇遇 ··· 25

第二篇　合力为战：从个人到团队

7　你们是一个队的 ··· 30

8　这果子真能吃吗？ ······································ 35

9　龙舌兰一生只开一次花 ······························· 39

10　团队赛好难 ·· 42

11　她是 GuGu！ ··· 45

12　保证完成任务 ··· 48

13　只属于我的生日蛋糕 ·································· 52

14　谁来当队长？ ··· 56

15　感谢植物学家 ··· 61

16　我们又不是湖南人 ····································· 66

第三篇　初出茅庐：三夺冠军

17　出　征 ··· 72

18　看错气球做对题 ·· 75

19　薄荷香 ··· 82

20　四两拨千斤，决胜东京 ······························ 87

21　文科生不配被爱 ·· 92

22　他有喜欢的人了 …………………………………… 97

23　合宿 312 …………………………………………… 103

24　这和文科理科没关系 ……………………………… 109

25　中俄对抗赛 ………………………………………… 115

26　栀子花 ……………………………………………… 120

第四篇　折戟总决赛：近在咫尺的遗憾

27　集　训 ……………………………………………… 126

28　我想要一个确定性 ………………………………… 131

29　我们是要创造历史的 ……………………………… 136

30　三个光头 …………………………………………… 144

31　是女生又怎么样 …………………………………… 150

32　龙舌兰只能开一次花吗？ ………………………… 156

33　我们不会永远失败 ………………………………… 162

第五篇　天赋之外：汗水铸就传奇

34　调整与提升 ………………………………………… 170

35　蛰　伏 ……………………………………………… 176

36　国内谢幕之战 ……………………………………… 182

37　达卡赛区传说 ……………………………………… 187

38　总决赛顺利开场 …………………………………… 195

39　盛放的龙舌兰 ……………………………………… 200

40　下一站 ……………………………………………… 207

第六篇　金牌之上：赛场外的星辰大海

41　科研与竞赛 ………………………………………… 214

42　每个人都有自己的人生 …………………………… 219

43　星星之火，可以燎原 ……………………………… 226

44　女生也可以走很远 ………………………………… 233

45　龙舌兰未解散 ……………………………………… 237

朋友的话 ……………………………………………… 243

楔子

　　九月末，初秋的凉意悄然而至。浦江交通大学这所被誉为"东方MIT[1]"的高校，计算机机房里，二十余名大一新生正聚精会神地注视着各自的电脑屏幕。他们是从全国最具潜力的青年才俊中脱颖而出的创新班成员。他们的眼中既燃烧着无畏与热血，也闪烁着对未知的好奇和些许忐忑。

　　创新班，这个被誉为"传奇之班"的地方，走出了无数知名教授、科技精英和创业先锋。然而，最令人津津乐道的，是创新班在国际大学生程序设计竞赛（ACM-ICPC），这项被誉为"编程界奥运会"的赛事中的卓越表现。十五年前，正是创新班的创始人叶老师，带领三位创新班的学生，首次在世界冠军的领奖台上升起中国国旗。此后，中国队数次站上领奖台，而这些辉煌的背后，都少不了创新班的贡献。可以说，创新班是中国编程实力的一面旗帜，在世界上备受瞩目。

　　机房里，原本轻声交谈的声音骤然一静。

　　叶老师走上讲台，目光从一张张稚嫩却坚定的脸庞上掠过。他轻咳了一声，简洁有力地说道："欢迎大家经过层层选拔，来到创新班。"

　　他停顿片刻，目光微微凝重，随即继续说道："今天，我们要进行组队选拔，为11、12月份的中国区域赛做准备。上次我已经提过，本次选拔采用个人赛形式。为降低不确定性，比赛题目将大体上按难度递增排序，总共十题。请大家用自己的姓名登录比赛系统，个人排行榜将会实时更新。希望你们能展现出最好的状态。"

　　叶老师好像一直都是这般不苟言笑、言简意赅。

　　比赛系统启动，屏幕上弹出倒计时的界面。

　　新生们纷纷进入状态，解题，编程，提交。一行行代码在屏幕上跳动，键

1）MIT：Massachusetts Institute of Technology，麻省理工学院。

盘敲击声逐渐连成密集的节奏，像是一首无形的战歌。

无人察觉的角落里，机房后门悄然打开，三道低调的身影悄然而入，他们神情从容，悄无声息地找到座位，利落地登录系统。屏幕上，"L_Nars" "runningb0y" "crazyfish" 三个 ID 突然亮起，如黑夜中的冷光。三张仍然充满少年气的脸，在电脑屏幕前渐渐严肃，指尖停顿片刻，旋即落在键盘上，敲击声如疾风骤雨般响起。

开场仅仅 2 分钟，个人排行榜上的第一条消息炸开了全场——

"crazyfish 顺利提交通过第 1 题一血。"（一血代表全场第一位解出此题）

机房瞬间沸腾，惊叹和疑惑如潮水般涌动。"他是谁？读题、想题、写题一气呵成，这手速也太快了！只有世界总决赛选手，啊，不对，只有能登上世界总决赛领奖台的选手，才有如此令人窒息的实力！"

开场 15 分钟，又一个爆炸性的消息传来——"L_Nars 顺利提交通过第 5 题一血。"

"什么？！"机房里的众人没想到今天的惊喜如此之多。第 5 题是一个题面比较短的数论题。正因为题面比较短，所以第一个题选这个也没什么大问题。最后的程序估计也不会太长，但是中间的思考难度还是挺高的。"他是谁？为什么开题的顺序如此与众不同，居然将一个中期难度的题放到前期来做？莫非他非常自信今天能做完绝大部分的题？"现场的参赛选手心中满是疑惑，暗自揣测。

开场 30 多分钟，更令人难以置信的事情发生了——"runningb0y 顺利提交通过第 10 题一血。"

机房里，一位新生忍不住惊叫出声："今年的选拔赛也太恐怖了。这可是第 10 题啊，全场最难的题。大神居然倒着开题？"

更多的选手没有喊出声，但内心已然掀起惊涛骇浪。

"这个比赛可是最终要比拼谁通过的题更多。所以这位大神笃定自己可以解决所有题？"

"这实力，恐怖如斯，我这样的小卡拉米今年看来是没戏了……"

"这几位大神怎么没用真实姓名？也说不定不是正式参加选拔的选手，我还有机会，继续加油！"

键盘声愈发紧凑，新生们不敢有丝毫停顿，满腹疑惑的同时，也奋力追赶着。5 个小时的比赛，说久很久，说快也很快，排行榜渐渐热闹起来，但无论其他名字如何更新，那三组 ID 依然以令人瞠目的速度解题，crazyfish 一路按照顺序通过题目，一直霸榜第一名；L_Nars 不走寻常路，先完成题面短的题，也是一路凯歌；而 runningb0y 则最令人惊叹，他从最难的题一路向前，速度之快、思路之精准，像一道道刀光闪过排行榜……

比赛结束，大屏幕定格。

榜单前三：crazyfish、L_Nars、runningb0y。三位都通过了所有题目，但是所用总时间略有差异，所以分列前三。

新生的名字？一个都没有。全场陷入死一般的寂静。

直到那三道身影缓缓站起，平静如初，仿佛一切尽在掌控。走到门口，其中一人回头，嘴角微微上扬，笑容里带着几分调侃："学弟学妹们，看起来还差得远呢，得多努力啊，我们可是十年没动过手了。"

机房里，新生们面面相觑——这三位大神到底是何方神圣啊？

下一秒，惊呼声炸开！

"等等！这三个 ID……是林那斯、陆径和苏加嘉！"

全场倒吸一口凉气，紧接着，喧嚣如潮水般席卷而来。

"不可能吧？！"

"是他们？！"

"他们就是十几年前，为中国夺得 ACM-ICPC 首个世界冠军的那支队伍？！"

所有目光望向门口，那三道身影依旧淡然，仿佛只是完成了一场再普通不过的练习赛。

十几年前，他们横扫国内区域赛、亚洲区域赛，最终在世界总决赛击败各国劲旅，在中国主场成功登顶，书写传奇。那一届，被称为"死亡之组"的决赛见证了他们的巅峰对决。

此后十几年，他们的名字成为无数学弟学妹口口相传的传奇。今天，这个传奇，近在眼前。

有人低声感叹："这么多年过去了，他们还这么厉害。解题思路和敲代码的手速一点没退步。"

"看着还很年轻呢，和我之前在网上看到的照片没什么变化。"

"哇，我今天是什么运气，居然在同一天见到了三位大神。"

"三个人居然都还长得挺帅！"

"他们这些年都在做些什么啊？"

……

另一边，叶老师的办公室。新生眼里不苟言笑的叶老师，此刻却是笑意盈盈，眯着眼睛看着站在自己面前的三人："你们三个，一回来就给学弟学妹下马威啊。"

"好多年没见你们仨站在一起了。"

"陆径，你是不是还是觉得'这题很简单'？"

"苏加嘉，你还是最稳当的，今天是按难度顺序做的题。"

"林那斯，还是爱挑短题先读。"

三人相视一笑，仿佛时光倒流，回到十五年前的那个秋天。

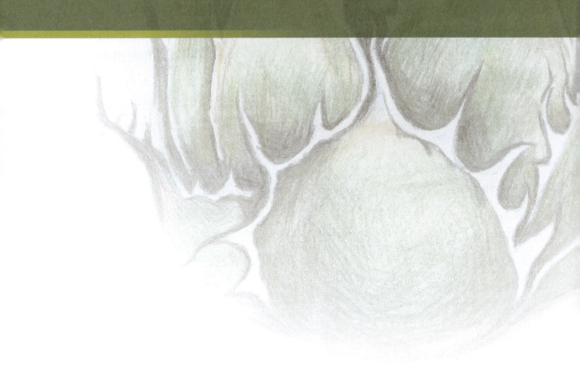

第一篇

初识组队：三人成行

1 十五年前

十五年前，同样的初秋，林那斯、陆径、苏加嘉三位风格迥异的大一少年，在浦江交通大学的这间机房里并肩而坐，早在代码世界里惺惺相惜的他们，还不知道，他们会在未来的岁月里创造怎样的传奇。

彼时的信息学竞赛，洛谷[1]、Codeforces、AtCoder[2]这些都还尚未出现，比较火热的依然是大榕树论坛、Topcoder[3]比赛等。在这些网络上的论坛和比赛中，选手会为自己精心设计一个ID，毕竟这个ID是要伴随自己整个竞赛生涯的。每一位选手的ID或多或少和他们的经历、性格挂钩。

陆径的ID是runningb0y。陆径在竞赛圈内一直是神一般的存在。高三那年，他参加了Topcoder的年度总决赛，不但拿下了高中组的冠军，还顺手拿下了全年龄段组的冠军，一时风头无两，少年成名。因为他擅长攻克最难最刁钻的题目，所以在比赛中就像一阵风，经常一骑绝尘。正因为他有超凡的实力，别人问他题目时，总会得到以"这题很简单"开头的回复。因此，在一众凡人眼中，陆径大神是一个不那么善于交际的人，甚至还有人说"陆径难以接近、脾气不小，根本不屑与新人交流。"总之，陆径在竞赛圈是"高冷的神"，人们一边惊叹他无人能及的聪慧，一边惋惜他不太善于表达自己。

林那斯是一个直来直往的人，他的ID L_Nars就是名字的谐音。L是他的姓，Nars则和"那斯"发音一样。与陆径在难题上的突出表现不同，林那斯更像是"六边形战士"，不仅对竞赛的各种技巧都有所涉猎，在竞赛之外，还能平衡好各个学科和生活。早有传闻，他的高中班主任特别希望他参加高考，冲击高考状元，但是林那斯觉得既然已经保送就没必要去考了，因此，林那斯的高考成绩定格在20分——竞赛加分20分。

1）洛谷：当前中国最具影响力的信竞在线平台之一，专注于NOIP、NOI、ACM-ICPC等。

2）Codeforces、AtCoder：当前最具影响力的两个全球算法竞赛平台，定期举办高水平的线上编程比赛。

3）Topcoder：全球最早的在线编程竞赛平台之一，曾孕育多位世界级算法选手和程序设计世界冠军。

与他的实力同样令人瞩目的，是他开朗温和的性格，细心周到，总能敏锐地捕捉到队友的情绪波动，仿佛自带治愈气场。加上他那双黑亮的眼睛和嘴角边两个浅浅的酒窝，使得他成为不少女生心目中的"白月光"。

苏加嘉，双鱼座，ID 是 crazyfish。和林那斯的阳光与陆径的高冷不同，苏加嘉的温柔沉静自成一派，他擅长各类数据结构、数学公式推导、分类讨论、大型模拟等偏烦琐、考验耐心和细心的题目。因名字偏女性化，加上竞赛圈里许多人是通过 ID 相识，不少人在见到真人之前，都以为 crazyfish 是个女生。

参加选拔赛的同学多是叶老师在全国信息学、数学、物理等学科竞赛的获奖者中保送签约的选手。林那斯、陆径、苏加嘉更是这些保送生中的佼佼者，他们都是前一年全国高中信息学竞赛的金牌得主。毫无悬念，那一年新生选拔赛的前三名分别是 runningb0y、L_Nars 和 crazyfish。

不同于高中竞赛单打独斗的比赛形式，国际大学生程序设计竞赛（ACM-ICPC）以三人组队的形式进行。也许是历史遗留的原因，也许是为了宣扬团队合作，比赛中，三个人只有一台电脑、一个显示器、一个键盘、一个鼠标。同一个队的三人需要共同合作，分工解题。

因此，叶老师每年都会从新生中筛选潜力选手，促使他们通过尝试组合找到最佳队伍配置。新生选拔赛便是让同学们彼此熟悉、尝试组队的第一步。选拔赛结束后，叶老师宣布了一周试组队的规则："学生可以自由组合，每组三人，挑战历届 ICPC 题库进行试组队排名。每次试组队后记录该次试组队的想法。一周后，根据表现和团队配合程度，决定正式参赛队伍的名单。也就是说，未必个人赛排名最靠前的几个人就会组成一个队，也得看大家的契合程度。"

听完规则，陆径毫不拖泥带水地收拾好东西，第一个走出机房。他还是更喜欢独来独往，突然一下和这么多人在一个房间，让他觉得有些不自然。

林那斯因为在回复父母的消息，耽搁了一会儿。正准备离开时，注意到机房最后一排的角落里，一个女生正皱着眉盯着屏幕，神情复杂，像是在和某个难题较劲。那个女生留着短发，戴着一副黑框眼镜，像个假小子，是创新班的同学，好像叫夏茵。出于礼貌，林那斯朝她的方向招了招手："嗨，你没事吧？"

夏茵被他的声音惊了一下，慌忙假装收拾东西，急急忙忙解释："没什么事。"

林那斯却听出了哭腔，有点奇怪，这是遇到什么大不了的事情了？他犹豫了一下，觉得直接走掉似乎有些不妥，便走过去打算再问问情况。无意间瞥见她屏幕上的选拔赛界面，以及那刺眼的"0分"。林那斯恍然大悟，这个夏茵大概率是创新班里的高考选手。创新班的学生分为两类：一类是有竞赛经验的获奖者，另一类是高考后二次招生被叶老师选中的潜力生。后者大多从未接触过编程竞赛。创新班的设立一半是为了挑选 ACM 世界大学生编程竞赛的种子选手，还有一半是为了摸索一套从零开始培养计算机科学家的教育模式。

林那斯轻轻挠了挠头："你不是竞赛圈的吧？不是编程竞赛出身的，这些题目做不出来很正常。"对没有基础的学生来说，这样的选拔赛题目确实困难重重。这就好比从没学过滑雪的人，直接坐缆车上了双黑道，滑不下来在山顶哭也很正常。而且，叶老师在群里已经声明，这次选拔赛是自愿参与，并非强制。但既然没接触过编程竞赛，为何还要勉强自己来参加呢？

夏茵抬眼望了望林那斯："我就是好奇想来试试，我以为是和数学竞赛类似，没想要还要写代码。我从来没写过代码，你是很早就会写代码了吗？"

"嗯，小学五六年级就开始写了。今天排在前面的陆径和苏加嘉也是，他们写了好多年了。"林那斯想着安慰她几句。

可谁知，夏茵瞬间红了眼眶："那我加入创新班岂不是自寻死路。这个月开始上的几门计算机课程我几乎都听不懂，可是你们早就会了！"

林那斯有点尴尬，没想到对话的发展方向和自己的预期有点不一样，想着得快点挽救一下，赶忙说道："没事，你有啥不懂的问我好了。"

夏茵眼睛一亮，像是抓住了救命稻草："真的？太好了！前几天我问陆径一道题，他说'这题很简单'。我都已经在考虑是不是该换个专业了。"

林那斯笑了笑："你别听他的，他每次都说很简单，不信你再去找个题问他。你有什么问题可以随时联系我。"林那斯边说边把自己的手机号和QQ写在桌上的草稿纸上。

2 最合适的三人组

"我一直知道,自己最讨厌别人质疑我的算法。对此,我既自信又有些自负。难得的是,他们用一种最温和、最容易让我接受的方式,提醒我算法中思考不够全面的地方。"

——陆径试组队小结

一周的试组队,在不知不觉中已经过去了两天。

林那斯这两天的试组队,既谈不上顺利,也称不上曲折。他在创新班里早就有几位高中的旧识,因此,第一天和第二天便与这些旧识尝试组队。凭借彼此的默契,整体表现可圈可点。

但林那斯很快发现,这样的组合缺少一种活力和多样性。因为来自同一所高中,所以大家擅长的题型、习惯的解题思路都过于相似。这种"高度一致"在面对顺手的问题时优势尽显,通常就是三人轮流,连下三题;但是一旦遇到大家都不擅长的题目,团队便陷入僵局,难以跳出固有框架尝试创新解法。这让林那斯心中隐隐感到,眼下的组合可能并不是最佳方案。

相比之下,陆径的试组队经历可谓困难重重。尽管他在新生选拔赛中以绝对优势夺得第一,但"高冷天才"的名声让许多同学望而却步。第一天,他一直在等待有人主动邀请组队。然而,眼看就快要比赛了,连个队友的影子都没出现,最后只好靠叶老师给他分配了两位队友。

第二天,陆径经历了长时间的内心挣扎。他太想登上 ACM 世界大学生程序设计竞赛的舞台了,这份强烈的渴望驱使他终于迈出不擅长的一步——主动找了两位同学组队。但事情并没有像他期待的那样顺利。

组队后,他们开始尝试解决题目,可问题接踵而至。陆径思维敏捷,往往在题目刚读完时便已有解题思路,但当他想快速向队友解释思路时,队友却无法完全理解他的意思。无奈之下,他只能亲自上机操作。更让陆径头疼的是,有时队友好不容易理解了他的想法，开始动手写代码，他们的手速与频繁出现的 bug 却让他抓狂。他频频摇头，甚至忍不住叹气。这些下意识的反应让队友愈发紧张，出错的频率也随之增加，最终变成陆径独自操作上机单挑的"单机模式"。

苏加嘉那边的试组队也遇到了一些小困难。苏加嘉性格温和，在算法细节和代码调试上非常有天赋。但他不爱争抢发言权，在试组队时也总是习惯性地退到后排，让其他队友主导决策。这就导致每当他发表自己的见解时，常常因为语气太轻缓，被队友敷衍对待。

叶老师暗暗观察了试组队两天，将三人的问题都看在眼里：林那斯的试组队没有太多新意，始终停留在安全区；陆径陷入"孤狼"模式，难以与队友协调；苏加嘉会被队友误解"太弱"，在试组队中始终游离。

试组队的第三天，叶老师玩起了新花样："今天我们不再自由组队了，由我来点将。林那斯、陆径、苏加嘉，你们三个人，试着组个队。"

三人对视了一眼，心里多少有些忐忑。

他们不算陌生，甚至可以说，在信竞的世界里，彼此早已非常熟悉。尽管现实中并不算熟识，仅在全国信竞决赛场上打过几个照面，但在竞赛这个江湖，L_Nars、runningb0y、crazyfish 这三个 ID 早已在各大论坛和线上比赛中频繁"交手"。

他们心里自然是认可彼此的实力，甚至带着几分惺惺相惜。可在十七八岁的年纪，这种认可往往不会轻易表露出来，比起坦率承认对方的优秀，他们更愿意在内心较劲，在竞争中证明自己。

于是，当三人第一次正式坐在一起时，气氛竟然有些微妙。

林那斯率先打开话题："既然叶老师安排我们一起组队，我们就好好比一场。怎么说我们也是个人选拔赛前三啊，输了可就不太好看了！"语气轻松，甚至有些幽默，但眼神中带着试探，心里直打鼓。毕竟，林那斯在个人选拔赛中只是第二，输给了排名第一的陆径。但他考虑到陆径的高冷和苏加嘉相对被动的性格，可能也只能由他先开口了。

陆径其实一直期待和最强的队友组队。作为个人赛第一名，他当然知道，林那斯和苏加嘉是仅次于自己的选手，只是作为第一人的陆径在前两天没好意思主动去找两人组队。听了林那斯的话，陆径顺势点了点头，没有多说废话，直接打开了比赛题目。

苏加嘉默默观察着两人的互动，心里悄然涌上一丝期待，和这两位最强的队友并肩作战，正是他梦寐以求的事。他的高中并不是竞赛强校，他的成长之路几乎是靠自己在网络上自学，一路摸索出来的。他曾在论坛上翻阅过林那斯和陆径的讨论，也曾在各种线上比赛中和他们同场竞技，但真正有机会坐在一起，作为队友共同挑战一道题，这还是第一次。他低头调整键盘，双手放在膝盖上，轻轻地摩挲了一下，准备开始加入林那斯和陆径。

刚开始的几道题并不难，三人迅速分工，一路畅通无阻，整个过程轻松愉快，仿佛这次试组队必将是一片坦途。陆径时不时丢出一句"这题很简单"，两位队友也认可他的评价，毕竟，前期题对他们来说，确实如砍瓜切菜一般。

"今天要是能输，我们就一起剃光头算了！"苏加嘉也渐渐放松，不再拘谨，甚至开起了玩笑。

然而，当陆径率先读到一道高难度题目时，问题开始显现。

陆径思维极快，几乎在读题的同时便有了初步的解法。他的神情瞬间变得专注起来，眼里闪烁着兴奋的光芒。他知道，这道题绝对是今天最有趣也最有挑战性的一道题。他迫不及待地想要解开这个题目，拿下一血。

于是，他立刻转向林那斯，因为林那斯是个人赛的第二名，自然是最可靠的讨论对象。然而，此时的林那斯正在机器上写一个中期题，被突然打断，难免有些不适应。

陆径语速极快地讲解着自己的解法，像是连思考的时间都不愿意浪费。他的思路跳跃，推导迅猛，林那斯一时没能跟上，皱了皱眉。一旁的苏加嘉虽然默默听着，但也还没完全消化。

几分钟后，陆径有些不耐烦，索性不再解释，直接拿过键盘开始敲代码。

"等等，我还在写题呢！"林那斯愣了一下，感觉有些尴尬，"就算你这个题的解法没问题，我们也得确认一下思路吧？"

不料陆径毫不犹豫地回怼："这题很简单，肯定对的，只是你们还没听懂而已。我自己写很快，让我试一下，就 5 分钟。"

林那斯很无奈。毕竟，这是他们第一次正式组队，面对个人实力第一的大神，他也不好直接反驳。于是，他让出了键盘，让陆径自己尝试。

苏加嘉则把刚才陆径说的解法再次梳理了一遍，低声向林那斯复述。两人一合计，也明白了陆径的做法，确实八九不离十。此时，陆径的代码已经写了一大半，不愧是大神！但此时，苏加嘉凑近林那斯轻声说："这里的边界条件可能会出问题。不知道陆径有没有考虑到。"

不多时，键盘敲击声停了下来。

"写完了？"林那斯凑过去，准备接回键盘继续写自己之前没有完成的题。然而，他发现陆径眉头微皱，屏幕上的测试样例没有通过，而且，看上去正是苏加嘉刚刚提醒过的那个边界条件没考虑到，导致错误！

气氛瞬间有些紧张。

林那斯轻轻一笑，故意打趣道："我刚才还和苏加嘉夸你算法正确呢。不过他说我理解得还不够到位，有个边界条件可能会有问题。"

他不动声色地把问题抛了出来，同时也巧妙地给了陆径一个台阶下。

陆径听后，迅速检查代码，果然发现了问题。他有些意外，但很快冷静下来，修改代码后成功通过了测试。他抬头看了一眼林那斯和苏加嘉，眼神里多了一丝认可。毕竟，能在短时间内跟上自己思路并指出漏洞的队友，确实不多见。

接下来的比赛，三人配合渐入佳境，逐渐形成默契，节奏也越来越顺畅。最终，他们解决了所有的题目，提前 AK[1] 离场。

走出机房，苏加嘉难得主动开口："感觉这次配合的还行，那我们三个继续组队试试？"

1）AK：All Killed，即解出所有题。

说话的时候，他的眼睛里闪烁着光芒。他切实体会到两位队友的强大，也意识到，和他们一起并肩作战，他会变得更强！

林那斯笑着点头："目前看来，确实没有比这更优的组合了。"确实，个人实力前三名，而且试组队似乎也没什么问题，三人来自不同的高中，不再有之前那种高度一致的问题，感觉再也找不到比这更合适的组合了。

陆径也很高兴，毕竟这两位队友刚才在比赛中也证明了他们的可靠性。他沉吟了一下，最终憋出两个字："可以。"语气依旧冷淡，但林那斯和苏加嘉都听出了他话里的肯定。

不经意间，一支注定载入史册的队伍悄然孕育出最初的模样。

3 今天的橙子好香

大一的生活逐渐步入正轨，ACM 队的队员们都在两条战线上并行作战：一半时间投入紧张的比赛训练，另一半时间则全身心投入学业。

创新班的学业绝非轻松，所有课程都是小班精品课，甚至对标 MIT 的课程体系。虽然这些队员的编程基础极佳，C++ 编程、数据结构这些课程基本都能闭着眼拿满分，但数学分析、高等代数等学科却没那么容易应付。毕竟，计算机科学的根基在数学，这些课程的重要性不言而喻。

林那斯作为一个六边形战士，日子过得还算游刃有余，毕竟奥数也钻研过，高考的各科成绩也不虚，再加上超强的编程基础。更多的时间，林那斯是在帮夏茵"补课"。最初，他对这份额外的责任多少有些抗拒，但想起在机房那句无心的承诺，便觉得自己实在不该置之不理。

"叮～"一声清脆的提示音打断了正在写代码的林那斯。他拿起手机，看见夏茵发来的消息："今天几点去图书馆？还是老地方吧？"他飞快敲下几个字："好，下午两点。"夏茵已经约林那斯一起自习了好几次。

夏茵并不是不会学。身为高考状元，她的数学基础扎实，学习能力也远超常人。但对毫无计算机基础的她来说，创新班的编程课程犹如一场艰难的马拉松，又如同一座难以逾越的高山，她甚至连这座山的轮廓都看不清楚。

创新班里那些信息学竞赛保送的学生上课仿佛是在"玩"，编程课的内容他们大多高中时就已经学过。但夏茵完全不同，她是从零开始接触编程，甚至连变量和循环的概念都需要从头理解。这种落差让她感到不安，也让她压力倍增。

林那斯无疑成了她最强大的"支援站"。每次上课听不懂的地方，她都会仔细记下，到图书馆再向他讨教。

下午两点，林那斯准时出现在图书馆，远远地便看见夏茵早早地占好了座。

她埋首在电脑前，眉头紧皱，似乎仍在为某个未解的 bug[1] 苦苦挣扎。他刚拉开椅子坐下，便听见她轻轻地咳嗽了一声。

"你感冒了？"他很自然地低声问道，"这么拼干嘛？回去休息不好吗？"

"不行！"夏茵的声音带着几分沙哑，却透着一股倔强，"这周数据结构课的平衡排序二叉树的大作业有点复杂，我写了好几遍，还是没有调对，动不动就陷入死循环。我实在想不出来是哪里的 bug，只能来求助你了。"

平衡排序二叉树，这个数据结构哪怕在编程竞赛中，也算是比较复杂的技巧了。在那个信息学竞赛还没有那么发达的年代，通常都是冲击省队的选手才会掌握的内容。初学者写平衡排序二叉树，动辄 200 行以上的代码，还会出现很多 bug，她写了这么多遍还没调通，也就不足为奇了。

林那斯无奈地叹气，拿这个倔强的小姑娘没有办法，只好低头看向屏幕，祈祷自己快点找出错误。10 分钟后，他指着屏幕上的某一行代码，轻声说道："死循环通常是递归边界的问题。你这里的左旋、右旋没有错，确实可以在保持二叉树节点排序的同时让树平衡。但是，你看这里——"他点了点某一处，"这里插入节点的代码，递归边界的判断写错了，所以会陷入死循环。"

夏茵愣了一下，随即点点头："我确实没注意到，每次写的时候，这一段都是照着课本上的另一个示例搬过来的。"

"嗯，问题大概就出在这里。"林那斯松了口气，"你试着改一下吧，我出去一趟。"

夏茵听见他离开的脚步声，心里忍不住有些别扭。他每次都是这样，答应得干脆，讲解得耐心，只是每次讲解完，就走得干净利落，仿佛对她的事情没有一丁点多余的兴趣。她抿了抿嘴角，心情有些复杂。虽然明明是她主动找林那斯帮忙，可她还是控制不住那一点点微妙的失落感。"算了，先把代码改好再说。"她甩了甩头，试图把那些无谓的情绪赶出脑海，专心调试代码。

1）bug：代码里的错误。

空气里忽然弥漫起温暖的橙子香。先是一丝微酸，像初春的清风拂过心头；紧接着，一缕淡淡的甜味跳跃而出，柔和又鲜明，带着难以抗拒的吸引力。

夏茵一瞬间有些恍惚，仿佛从光线略显昏暗的图书馆飞到了洒满阳光的柑橘林，阳光在枝叶间跳跃，橙香弥漫四周。她下意识地停下手中的敲击动作，微微一怔。这是什么味道？

顺着香味一看，桌边不知何时多出了几瓣剥好的橙子，橙黄的果肉晶莹剔透，在灯光下泛着水润的光泽。

她抬起头，看见林那斯正低垂着眉眼，修长的手指不疾不徐地剥着剩下的果皮，神情专注而淡然，仿佛眼前的一切都稀松平常，这番景象却让她无端生出一种难以言说的安心感。

"吃点橙子吧，"他低声说，语气平静得像是在谈论天气，"生病了，多补充点维生素 C。"

夏茵微微怔住，指尖轻轻触碰到桌上的橙瓣，温润的果肉沁出丝丝微凉的汁水。她低头咬了一口，酸甜的滋味在唇齿间蔓延开来。犹豫了一下，她轻声说道："其实你不用这么照顾我。"

林那斯停下剥橙的动作，有点疑惑地抬头看向她，眼神淡淡："顺手的事儿，不用太客气。"轻描淡写的语气让夏茵一时说不出话。

她没有再多说什么，悄悄地把那一瓣橙子吃得比平时更慢了一些，果汁在唇齿间弥漫开来，酸甜的滋味如同一场小小的风暴，将复杂的情绪暂时压下去，却又在心底悄然扎根。

4 美少女战士？龙舌兰！

"当我们谈论一个队伍的名字时，我们不仅是在称呼它，更是在讲述它的精神。队名，不只是一个标识，它代表的是一支队伍的信念、风格和灵魂。

我们的队名——龙舌兰（Agave），不仅仅是因为它的拼音缩写与我们三个人的姓氏巧妙契合，更是因为它象征着顽强、坚韧和不屈的精神。

龙舌兰，是一种生长在干旱荒野中的植物。在最恶劣的环境下，它依然能深深扎根，顽强生存，最终酝酿出醇厚的佳酿。我们希望自己能和它一样，在编程竞赛的风暴中经受磨砺，努力成长，经历压力与挑战后，蜕变为最强的自己。

我们选择这个名字，是希望在未来的比赛中，无论遭遇任何困难，都能像龙舌兰一样，在烈日下不低头，在风暴中不动摇，在困境中顽强生长。

这不仅仅是一个名字，更是我们的信念。"

——苏加嘉队名申请报告

随着中国区域赛的临近，林那斯、陆径和苏加嘉的训练节奏愈发紧张。尽管三人实力不俗，但仍需通过线上选拔赛，才能获得线下区域赛的资格。而唯有在区域赛中夺冠，他们才有机会代表学校乃至中国，冲击世界大学生程序设计竞赛世界总决赛（World Finals）。

机房里，苏加嘉和林那斯聊得正起劲："叶老师说让上两届的顾韵学姐来给我们作指导。"

"顾韵？就是上两届咱们学校一队成员中唯一的女选手？"

"是啊！"苏加嘉点点头，"为了 World Finals，叶老师每年都会组织五支队伍组成集训队，这些队伍既是对手也是战友，相互磨合、相互学习，最后选出最强的一支队伍，代表学校和中国征战世界总决赛。顾韵学姐可是这么多年来少有的一队的女选手，听说她挺厉害的。"

"哦，我知道，听说她代码能力特别强。而且我记得那年他们队表现的挺好的，好像是拿下了全球亚军？这已经是中国历史上最好的成绩了。"

一旁的陆径始终没有插话，只是若有所思地听着两人的对话。

正聊着，门外传来一阵轻快的敲门声，"咚咚咚——"三人不约而同地抬头望去。

门口站着一个笑容温和的女生，她轻轻地挥了挥手，语调清亮："我是顾韵，可以进来吗？"

一瞬间，机房里陷入了短暂的寂静。这就是传说中的顾韵？

如果她没有自报姓名，三人恐怕怎么也不会将眼前的人，与那位竞赛界赫赫有名的女选手联系在一起。

淡蓝色针织衫搭配白色百褶裙，纤细的手腕上戴着一条简约的银色手链，耳垂上的耳钉在阳光下闪着微光，一头乌黑的长发自然垂落，随着她的步伐轻轻摆动，阳光下，柔和得仿佛带着某种轻盈的韵律。

顾韵轻快地走进来，随意地坐在陆径旁边，嘴角带着自然的笑意。

这一刻，陆径原本微皱的眉头不易察觉地一松，空气中弥漫着一缕淡淡的栀子花香。

熟悉的气息轻轻拂过，勾起他尘封已久的记忆——小时候，在奶奶家，雨后潮湿的院子里，空气里氤氲着泥土的气息，而栀子花的香味总是清新又柔和地萦绕在鼻尖。

他忍不住侧头看了她一眼，又迅速移开了目光。

"叶老师让我来看看你们训练得怎么样了。下个月就是线上选拔赛，这可是你们第一次以团队形式参赛。"顾韵轻声说道，然后笑着问，"对了，你们队有名字了吗？"

林那斯一拍脑袋："我们还没想呢！"

苏加嘉好奇地抬头："学姐，当年你们那支队伍叫什么名字啊？"

"我们啊……"顾韵笑了起来，眼睛弯成了月牙，带着点俏皮的意味，"你们肯定想不到，我们队的名字叫——Lollypop！"

"Lollypop？！"林那斯和苏加嘉异口同声地惊呼，完全没想到会是这样一个少女心满满的名字。

陆径微微怔住，顾韵的笑声轻盈悦耳，带着一点孩童般的欢快。一瞬间，他的思绪仿佛被带回童年——夏日午后，坐在爷爷奶奶家的院子里，呆呆地望着风中轻轻摇曳的竹林，耳边是乡间孩童的笑声和远处鸟雀的啼鸣。那种清澈、自然、不加掩饰的欢快，他已经很久没有感受到了。

"这么……这么可爱的名字？你们队里其他两个队员不是男生吗？他们能同意？"

"为什么不同意啊？"顾韵笑着反问，眼里闪烁着怀念的光，"你们知不知道，在 World Finals 的比赛现场，每解出一道题目，队伍的身后就会升起一只氦气球，不同的题目对应不同颜色的气球。虽然现场竞争激烈、气氛紧张，但每次抬头，你都会看到许多氦气球，五颜六色，充满童话般的色彩，我总觉得它们像棒棒糖。"

"5 个小时的比赛虽然残酷、紧张、充满压力，但这些小小的瞬间，会让人真切感受到比赛的快乐和幸福。而且在 Word Finals 上，一般都会用英语作为队名，这样也便于其他国家的队伍理解。"顾韵轻声说道，眼里闪起亮晶晶的光。

苏加嘉感叹道："没想到 World Finals 竟然这么浪漫。"

"当然！"顾韵笑着点点头，"比赛不仅仅是算法、代码、解题的角逐，它也是一段旅程，回看我的大学时光，最美好的就是训练和比赛了。不过现在说这些，你们可能还体会不到。"

陆径微微侧头，看着她眼中映出的光彩，心头泛起一丝莫名的波动。他从没想过，有人能这样快乐地描述这个比赛。

这时，顾韵从包里取出一本厚厚的资料，递到林那斯手里："这是咱们学校参加 World Finals 以来，众多前辈整理的标准代码库，里面有许多经典的竞赛题和常用代码，对你们应该会有帮助。好好看看，顺便也想想你们队的名字。"

顾韵合上笔记本，站起身，一边收拾东西一边说道："我今天约了老乡吃饭，先去食堂啦。你们加油训练。World Finals 的历史题库、各类世界级线上竞赛，都是极有价值的训练素材。我作为你们的教练，也会定期为你们出题，安排训练计划。"

她走到机房门口，又语气认真地补充道："对了，每次团队训练和比赛后，都要写训练和比赛小结。这是叶老师定下的规矩，不要偷懒哦，以后你们就会明白，每次认真总结，能让队伍成长得更快。有问题可以随时联系我。"她笑了笑，眼神扫过三人，目光中带着长辈的期待与鼓励，"今后我也会抽空过来看你们训练。"

"那给我们的队伍取个什么名字？"林那斯停下手中的代码，转头看向苏加嘉和陆径。

"我都可以，随便叫什么名字都行。"苏加嘉一如既往好说话。

"叫美少女战士你愿意吗？"陆径难得发表意见。

苏加嘉被陆径这句话呛得差点喷出一口水，连忙摆手："这，这不太合适吧……"说着，他看向林那斯求助。

林那斯眨了眨眼，嘴角微微上扬，故意补了一刀："怎么不合适？顾韵学姐他们队都用了 Lollypop，咱们也可以走这个路线。"

陆径闻言，表情瞬间凝固，深吸了一口气，冷冷地吐出两个字："不行。"

林那斯偷偷在桌子下方比了个"耶"的手势，苏加嘉忍不住低头笑了。这些日子相处下来，他们已经逐渐摸索出和陆径相处的方式——用点轻松的玩笑，反而能让这个天才队友慢慢适应团队氛围。

"队名嘛……"苏加嘉思索了一番，"我没特别的想法，不过如果能体现我们三个人的名字就更好了。"

"林、苏、陆……"林那斯皱起眉头，若有所思，"拼音首字母是 L、S、L，要不看看它们能排列组合出什么单词？"

陆径闻言，似乎对这个提议很感兴趣，已经打开输入法开始尝试。

"LLS……"他一边念一边读出结果，"理疗室、榴莲酥、劳力士……嗯？这好像都挺享受型的？"

"那 SLL 呢？"林那斯凑过去看。

"湿漉漉、酸溜溜、傻愣愣……"陆径眉头皱了皱，"好像都挺不吉利的。"

"LSL？"苏加嘉也凑近屏幕。

"累死了、路上了、流失率……"陆径的表情愈发无奈，"一个比一个离谱。"

三人你一言我一语地讨论着，陆径还在继续翻着输入法推荐的词汇，突然，他的手指停住了，眼神微微一亮，语气认真了几分："龙舌兰，怎么样？"

"龙舌兰？"林那斯挑眉，"什么意思？"

陆径面无表情地科普："龙舌兰是一种生命力极其顽强的植物，它能在最干旱的土地上生长，还能酿出龙舌兰酒。"

"拼音缩写正好是 L、S、L。"苏加嘉看出端倪，赶忙拍了拍林那斯。

林那斯沉吟了一下，细细咀嚼着这个名字的寓意："龙舌兰不仅象征顽强，还能酿出美酒。它的成长是一个沉淀和蜕变的过程，就像我们训练的经历。"

"嗯，名字挺不错。"苏加嘉点头，"不过龙舌兰到底长什么样？"

陆径立刻上网搜索，三人盯着屏幕上的图片，眼中都浮现出一丝惊叹。在沙漠与岩石间，龙舌兰以放射状展开，叶片厚重而坚韧，边缘带着细密的锯齿，如同锋利的剑刃。它宛如荒野中伫立的勇者，在最恶劣的环境中生长，汲取风沙中的养分，最终凝结成甘冽的美酒。

林那斯眼前一亮，低声道："好像一位勇敢的战士站在荒芜之地。"

"是啊，"苏加嘉点头赞同，"给人一种磅礴的力量感，看了龙舌兰的样子后，我有点喜欢这个名字了。"

两个人一起看向陆径，陆径被他俩看得有点不好意思，"我没意见啊，那就这个呗。"

就这样，他们的队名定了下来：Agave（龙舌兰），寓意着顽强、坚韧和力量。

当时的他们不会想到，这个名字所蕴含的意义，远不止于此。它不仅是沙漠中无声绽放的倔强绿意，更是时间的炼金术，将磨难与坚韧酿成甘醇的美酒。

未来的某一天，他们的 Agave 将以另一种方式，在高朋满座的欢声笑语间溢出馥郁芳香，成为值得珍藏的传奇。

5 因为你是女生

　　林那斯、陆径和苏加嘉确定"龙舌兰 /Agave"作为队名的同时，顾韵和夏茵正坐在学校二食堂。桌上两碗热气腾腾的麻辣烫，红油翻滚，香气浓烈。两个湖南妹子不约而同地往碗里加了几勺辣椒，汤面上一片火红，映衬得两人脸上的神色愈发鲜活。

　　"学姐，这次终于见到你本人了！"夏茵夹起一颗鱼丸，小心地吹着热气，"我们高中老师经常提起你，说你是少有的在数理化领域走得这么远的女生，还进了 World Finals。"

　　顾韵被夏茵说得有点不好意思："没有那么夸张啦，你现在不是也来了创新班吗？不过，如果这些故事能让更多女生相信自己，有勇气去尝试，那也算真正值得。"

　　夏茵放下筷子，垂下眼帘，轻声说道："来了创新班又如何，我发现自己根本不擅长，也不喜欢写代码。其实我更想学数学，从小到大都喜欢，可我总觉得……"她抬头看着顾韵，苦笑了一下，"学姐，你有没有听过那种话？'女孩子数学好只是因为细心和努力，男生数学好才是因为聪明。''等到了后面数学越来越难，女生的思维就比不过男生了，也就学不过男生了。'"

　　顾韵轻轻叹了口气，摇了摇头："怎么没听过，从小听到大。"

　　"所以啊。"夏茵低下头，语气里带着一丝自嘲，"哪怕从小学到高中我的数学成绩一直都不错，我却总有一种错觉，觉得自己数学学得好，仅仅是因为比男生细心、比他们努力。我一直害怕，不知道什么时候就会遇到他们说的'数学越来越难，女生就学不过男生'的那个坎。高考填志愿的时候，我根本没敢选数学专业。"她顿了顿，笑容愈发苦涩，"哪怕数学是我最喜欢的。"

　　顾韵安静地看着她，片刻后才舀了一口汤，缓缓说道："我懂。其实，我当初进创新班，也听过很多类似的话。你知道，我是信息学竞赛出身，当年全国高中信息学竞赛只拿了银牌，按道理说，叶老师一般不会选择银牌选手进创新班。但是叶老师一直想培养更多的女生学习计算机，所以他把我招进了创新班。"

她停顿了一下，目光落在热腾腾的汤面上，像是在回忆什么。片刻后，她轻轻地笑了，语气平静却透着一丝无奈："可是，也正因为如此，总有人跟我说'因为你是女生，才被保送进浦江交通大学。''因为你是女生，才被叶老师招进创新班。''因为你是女生，才有机会试组队、参加训练，争取 World Finals 的参赛资格。'"

夏茵听着，眼神中闪过一丝动摇："那你是怎么坚持下来的？"

顾韵微微一笑，眼底却透着一丝锋芒："其实，他们说的也没错。一开始，我也会怀疑自己——是不是因为我是女生，才得到这些机会？是不是我真的不够格？但后来我想明白了，既然我能站在这里，那就说明我和所有男生一样，站在了同样的起跑线上。机会是给有准备的人，而不是单纯因为性别。"

她顿了顿，目光柔和下来："叶老师最爱和我讲的一个故事，是关于他在创立创新班之前指导过的一位学姐。他说，那是他带的第一位女学生，她一路走得很辛苦，但始终坚持。后来，她去了美国攻读博士，成为一名教授，不仅坚持了自己热爱的事业，还培养了许多女生，鼓励她们走进计算机领域。"

顾韵轻轻搅动着碗里的汤，说道："每次听到叶老师讲这个故事，我都会多出一点信心。它让我知道，我不是一个人在这条路上前行。有人曾经走过我现在走的路，她肯定也曾经历过我正在经历的一切，也曾挣扎过。她的存在让我觉得，或许我也可以做到。"她抬起头，眼神坚定："她的选择，让更多女生有了选择的机会。"

夏茵听着，手指不自觉地攥紧了筷子，眼神复杂。过了几秒，她轻轻开口："对你来说，那位学姐是榜样。对我来说，你也是啊。"

没有人比夏茵更懂顾韵的感受。许多个夜晚，当她陷入自我怀疑，质问自己是否真能学好数学时，会一遍遍地看有关顾韵比赛的新闻，一次次半信半疑地继续追求自己喜欢的数学。正是因为那些坚持，她来到浦江交通大学。当听到叶老师会在高考进入浦江交通大学的学生中选拔一批学生进入创新班学习后，夏茵毫不犹豫地报了名。

顾韵听完随即笑了起来："以后，也会有因为你而走得更远的女生吧。"

两人收拾碗筷，慢慢走出食堂。夜幕下，校园里路灯投下柔和的光晕，远处的教学楼依旧有亮着的窗户，映照着那些挑灯夜战的身影。晚风轻轻吹过，带着初秋微凉的气息，拂过树梢，也拂动着夏茵的发丝。

她沉默了很久，终于低声开口："学姐，我觉得创新班的课……太难了。"她顿了顿，像是在斟酌措辞，声音里带着迟疑和不安，"我好像……不喜欢编程。"

她没有说出口的，是那句一直埋在心底的疑问——"我是不是选错了？"

顾韵停下脚步，侧头看着她，眼神温和而包容。她并没有立刻给出答案，而是静静地等着夏茵把话说完，让那些被隐藏的情绪慢慢释放出来。

片刻后，顾韵轻声说道："慢慢来，不急。你可以给自己一点时间，去寻找答案。再说，你不是一直很喜欢数学吗？那就不要轻易放弃呀。如果编程不是你的热爱，那就多去听听数学的课，看看自己是不是真的更喜欢它。有些问题的答案需要时间去验证，但有些事情，不需要等待，现在就可以开始尝试。"

夏茵微微一怔，抬头看向顾韵。她从顾韵的眼里看到了某种坦然，那是一种不被定义、不被局限的自信。她轻轻点头，目光落在远方夜空中的点点星光上，心中似乎卸下了一块沉重的石头。困境依旧存在，但顾韵的话，却让她看到了更多的可能性。

6 π 夜奇遇

顾韵和夏茵告别后，沿着熟悉的小路向寝室走去。走到一半，她忽然想起什么，掏出手机给林那斯发了一条短信："突然想起来，明天 Topcoder 上有一场线上比赛，虽然是个人赛，你们三个有空的话也可以去练练手。"

Topcoder 是美国一家专门组织计算机程序设计竞赛的国际平台。时常举办高水平的算法竞赛，对参赛者的思维能力和代码实现能力要求极高，也是许多顶级选手训练的舞台。

不同于 ACM 竞赛的 5 小时比赛，Topcoder 的比赛通常是 75 分钟三道题，按照难度，分值通常为 250 分、500 分、1000 分。比赛节奏非常快，每道题的分数从选手点开题面的那一刻便开始流逝，直到完成提交才能锁定得分，过程紧张刺激，非常锻炼选手的心理素质。

林那斯的回复很快弹了出来："好，估计那时候机房已经关门了。我们找间通宵教室试一下。"

深夜 11 点，寝室门即将上锁，林那斯、陆径和苏加嘉背着书包轻手轻脚地溜了出去。比赛定在美国东部时间中午 12 点，也就是说，他们需要熬夜参赛。

三人走出寝室后，经过一番寻找，终于找到一间开放的通宵教室。

"我们赶紧准备一下吧。"林那斯一边摆弄电脑，一边跟两位同伴说。

"314？这教室名还挺应景。"苏加嘉瞟了一眼门牌，打趣道，"今天是'π'夜。"

"忘记带水了，我去楼下便利店买瓶水。"

"陆径，我跟你一起去。"苏加嘉应声道。

林那斯点点头："你们去吧，我先把电脑设置好。"

于是，陆径和苏加嘉一起走出教室，留下林那斯独自一人。

与白天教学楼的喧嚣截然不同。此时的教室非常安静，走廊也寂静无声，只有几盏灯散发着孤寂的光。

林那斯找到电源，连接好充电器，打开电脑，确认网络连接，登录比赛界面。一切准备就绪后，他伸了个懒腰，刚刚泛起的一丝困意还未散去，可接下来还有一个多小时的比赛，得想办法让自己清醒一些。

突然——

"啊！"

一声尖锐的惊叫划破了夜晚的寂静，带着惊恐，回荡在空荡荡的走廊里。林那斯的困意瞬间被驱散，心跳猛地加快，几乎是本能反应地朝隔壁教室走去。

站在门口，他探头看了一眼，只见一个女生正埋头看书，神情自若，仿佛什么都没发生。林那斯愣了愣，刚才那声惊叫……是自己听错了吗？

他清了清嗓子，开口问道："同学，你好，刚才听到一声尖叫，是怎么回事？"

女生猛地抬头，眼神里还残留着些许惊恐。她轻咳一声，试图让自己的声音听起来自然些："是我……刚才窗外飞过一只特别大的鸟，直接撞到窗户上，声音超级大，吓了我一跳。"她顿了顿，又强调一遍，"真的很吓人，特别吓人！"

林那斯看着她说得绘声绘色，语气还带着点余惊未消，但神情却故作淡定，心里不禁涌起一丝好笑的感觉。敢情刚才那副沉稳专注的样子，全是装出来的？"那现在没事了吗？"他忍着笑意问道。

女生立刻收敛表情，似乎想挽回刚才的失态，挺直了背，摆出一副镇定的样子，语气轻松道："没事了，真的没事啦。"但那微微上扬的语调，还是泄露了她的不安，听上去倒像是在安慰自己多过安慰别人。

林那斯这才注意到，眼前的女生五官清秀，皮肤白皙透亮，在教室昏黄的灯光映衬下，显得柔和而干净。她的长发随意地用小发圈扎起，几缕细碎的发丝垂落在脸侧，透着一丝漫不经心的慵懒。

最吸引人的，是那双清澈明亮的眼睛，像初春湖面的波光，不深不浅，微微晃动，倒映着灯光，带着几分灵动与倔强。

察觉到林那斯的目光，她微微一笑，虽带着一点局促，却莫名让人觉得有些可爱，仿佛刚刚的紧张都被这抹笑意轻轻拂去了。

"没事就好。"林那斯点了点头，语气下意识地柔和了几分，转身准备回自己的教室。

刚迈出一步，身后传来一个声音："刚才，谢谢你啊。"

声音不大，却透着一份真诚，轻轻的，掷地有声。

林那斯回到教室没多久，陆径和苏加嘉也回来了。三人简单地交流了一下各自的准备情况后，便正式投入到比赛中。

第一道 250 分的题是一个简单的字符串处理问题，林那斯扫了一眼题面，几乎是本能地坐到电脑前开始敲代码。他擅长这类需要快速实现的逻辑题，只见他手速飞快，思路清晰流畅，没过多久就提交了答案。然而，系统提示"样例测试错误"。"怎么会错？"林那斯皱了皱眉，重新检查代码的细节。短短 30 秒后，他修正了边界条件，再次提交，这次终于通过了。

与此同时，陆径作为上一届 Topcoder 全球总决赛的冠军，则毫无意外地直接挑战最难的 1000 分题。这是一道动态规划的题目。他拿起草稿纸，在上面密密麻麻地写满了状态转移方程和数据结构设计的思路。几次尝试后，他终于找到了一个可以优化的解法。

另一边，苏加嘉也做完了 250 分的简单题，正在研究 500 分的中等题。这是一道复杂的网络流问题，吸引了他的全部注意力。他对网络流的理解相当深入，几乎不用多想就画出了流网络的大致结构，但在实现时却卡在了权值分配的细节上，于是埋头一遍遍地微调，试图找出合理的实现方式。

不知不觉中，比赛时间过半，三人各自忙碌，偶尔抬头也只是随口问一句"怎么样了？"

　　比赛结束已是凌晨，三人都取得了不错的成绩，虽然只是线上赛，但也算是一次极具价值的练习。

　　三个人打着哈欠，睡眼惺忪地收拾着东西，准备回寝室，争取在上课前再补一觉。路过昨晚女生所在的隔壁教室时，林那斯的脚步微微一顿。教室里已经一片漆黑，窗户静静地倒映着走廊昏暗的灯光，空荡荡的座位上不见人影，仿佛昨夜的一切只是他恍惚间做的一个梦。

　　但他却无比确定，那不是梦。

　　那双清澈的眼睛，还有她故作镇定的微笑，都还鲜明地停留在他的记忆里。

第二篇
合力为战：从个人到团队

7 你们是一个队的

"不识庐山真面目，只缘身在此山中。顾韵教练今天的话让我明白——我们要参加的比赛，不是一个人的战斗，而是三个人共同的征程。"

——陆径训练小结

区域赛的线上选拔赛正式开始，林那斯、陆径和苏加嘉三人第一次以"龙舌兰/Agave"之名踏上团队赛的舞台。机房内，空气中弥漫着紧张的气息，屏幕上的倒计时只剩 5 分钟，比赛即将开始。

顾韵站在一旁，虽然没有参赛，却比任何人都更紧张。她不放心这三个初次组队参赛的学弟，特意赶来机房观战。

"World Finals 是按照区域赛成绩晋级的。"她简单介绍道，"南美洲、北美洲、欧洲、亚洲、大洋洲都有相应的名额，中国因为参赛队伍众多，晋级模式更复杂。首先要通过线上选拔，进入前 100 名的队伍才有资格参加线下区域赛，而区域赛的名次决定了能否进入 World Finals。区域赛和 World Finals 一样，通常是 5 个小时解 10 ~ 14 题。在最短的时间内解出最多题目的队伍就是冠军。如果两支队伍解出的题数相同，就会比拼罚时。"

苏加嘉点头回应，"这个信息我们三个研究过，不过，学姐，罚时具体是怎么算的。"

"罚时是从比赛开始计算，解题所用时间加上每次错误提交额外增加的 20 分钟。比如 10 分钟通过了一道题，但之前提交错误一次，总罚时就是 30 分钟。"

苏加嘉皱了皱眉："所以说，解题快是一方面，还要尽量减少犯错才行，否则罚时很伤啊。"

顾韵点头："是的，所以这不仅是比拼解题能力，团队配合和稳定性同样关键。这是你们第一次组队参加比赛，我知道你们三个都很强，但是组队比赛和个人比赛不一样。你们一定要……"

顾韵话还没说完——"知道知道，一定要合作。"林那斯给她递过去一瓶水，"学姐你喝点水吧，你看着比我们三个还紧张。"

顾韵没再多说，但眼中的担忧藏不住。她站在旁边，双手环抱，视线依旧紧盯着屏幕。

陆径瞥了她一眼，目光不由自主停留了几秒。他看着她神情认真，眉头微皱，似乎在思索什么，又像是在为他们担心。

这一刻，他有些失神。

"准备登录比赛界面了。"林那斯的声音打破了沉默，也将陆径从神游中拉了回来。

倒计时归零，比赛正式开始，12 道题目如潮水般涌上屏幕。三人迅速浏览题目，初步判断难度和题型。

林那斯的目光锁定在第 2 题——这是一道适合热身的题目，只需梳理几种情况，分步讨论即可解决；陆径则被第 7 题吸引，那是一道复杂的大模拟题，规则冗长到让人头皮发麻，但挑战性极高，要是能解出来，绝对成为夺冠的关键；苏加嘉则对第 9 题有信心，虽然是计算几何题，但相对基础，并且他们的代码库里就有现成的模板，可以快速拿下得分。

然而，明明各自心里都有了适合自己的题目，却陷入了僵局——该谁先上机？

"我先来吧，第 2 题实现不难。"林那斯提议。

"实现不难，但你是不是要先写出完整的代码思路？"陆径反驳，"第 7 题虽然麻烦，但我可以直接写，我很有把握一次写对。"

"第 7 题你可能会占用机器很久，影响整体节奏。"林那斯皱眉，试图说服，"可以让苏加嘉先写第 9 题，代码库里有模板，正确率更有保障，这样更稳妥。"

"嗯，我可以先上机写第 9 题。"苏加嘉接话。

然而，陆径却并不打算妥协。他目光依旧盯着第 7 题，执拗地认为："第 7 题对夺冠更重要。我要先写第 7 题。"

三人的争论回荡在机房，时间无声流逝，屏幕上的秒针一格一格地跳动，冷酷而紧迫。他们缺乏系统的分工策略，更多是凭直觉行事，谁对哪道题有感觉，就由谁负责，这种模式带来的问题便是，连最基本的"谁先上机"都成了一场拉锯战。

顾韵在一旁看的着急，忍不住提醒："你们三人是一个队的！"

林那斯猛然回过神，顾韵的提醒像是敲响了一道警钟。他们在意的根本不该是谁先写，而是机器不能空转，时间不能浪费。"行，那我先整理第 2 题的思路。"他迅速做出妥协。

苏加嘉小心翼翼问陆径："那我先写第 9 题？"

陆径皱了皱眉，仍旧低头看着第 7 题，固执地摇头："我要先写第 7 题。"

面对陆径的坚持，苏加嘉没有再争执，只是默默退到一旁，继续琢磨其他题目。

最后，三人顺利从线上选拔赛出线。虽然他们缺乏明确的分工和协作，几乎各自为战，但凭借强大的个人实力，即便团队配合略显"散乱"，依旧碾压大多数队伍，稳稳拿到线下区域赛的资格。

林那斯活动了一下肩膀，"太好啦，出线啦。"

"好吗？"顾韵在三人身后悠悠发问，"陆径，你为什么一定要坚持先写第 7 题？如果让苏加嘉先写第 9 题，总罚时可能会更少。"

陆径没想到顾韵会如此直接地点名。她的质问毫不留情地撕开了他多年用来保护自我的盔甲，将他最深层的执念暴露在光天化日之下。

他太喜欢信息学竞赛了，甚至可以说，这是一种深入骨髓的热爱。这份热爱塑造了他的思维模式，也定义了他一路走来的轨迹。

他习惯了在信息学竞赛中单打独斗，习惯了在复杂的题目前独自披荆斩棘。

曾经，他的世界是一条狭窄却直通目标的跑道，只有他一个人奋力奔跑，没有队友，也不曾停歇。现在。他已成为世界排名数一数二的选手，这个高不可攀的名次，是无数个日夜独自拼搏换来的。

在他看来，解题的快感就在于一气呵成的流畅感：思路初现，屏幕上的代码迅速生长成型，最后运行成功，弹出那个熟悉的"AC"（Accepted，测试通过）。每次推演、实现、调试的过程，都像独自攀登一座从未有人踏足的高峰，而他沉醉其中，享受着这种纯粹的征服感。

所以，当比赛中出现一道自己有把握的题，他的第一反应从来都是"立刻上机"。任何等待、任何分配、任何妥协，都会打乱他的节奏，让他难以忍受。这不仅是心理上的排斥，更是一种近乎生理本能的抗拒。

可现在，顾韵的质问让他第一次正视自己的行为。他低下头，想要辩解，却发现自己说不出口。

顾韵的声音依旧平静，不带丝毫责备，却像一记重锤，敲击在他心上："陆径，现在你不是一个人在比赛。你们是三个人，一个队。"

陆径抬头看向顾韵，她站在那里，神色平静而笃定，既没有责备，也没有刻意的说教，只有一种直击内心的坦率和毫不犹豫的信任。这一刻，陆径的心绪复杂而微妙，仿佛有一根细小的弦被拨动，却又不愿轻易承认它的存在。

顾韵的话无意间触动了他的自尊，却也促使他不得不正视那些一直以来下意识回避的问题。多年以来，他习惯了一个人冲锋陷阵，习惯了排行榜上遥遥领先带来的荣耀、骄傲和疏离。很少有人能这样诚恳直白地对他说话，更别提以这样一种既温和又坚定的方式，让他无法忽视。

顾韵的这句话像一道破晓的晨光，强势闯入陆径多年来一个人的世界。恍惚间他仿佛看到那些多年紧闭的窗帘和厚重的门扉被顾韵不由分说地推开。他看见了过去的自己：独自站在编程的世界里，手握长矛，一次又一次独自冲锋陷阵。可是，曾经的独自攀登、独自获胜和独自骄傲，在这一刻，像是被拉远的背景，变得孤寂而苍白。

他微微侧头，看向林那斯和苏加嘉。林那斯正揉着肩膀放松，苏加嘉低头整理着手里的思路，嘴角还带着一丝轻松的笑意。陆径忽然意识到，眼前这两个人，不是与他抢夺时间的竞争者，而是与他并肩作战的伙伴，是可以一同去创造奇迹的朋友。

他第一次认真地思考，或许，胜利并不一定是一个人孤身登顶的荣耀，它还可以是几个人共同举起旗帜时的欢呼。

只不过，此时陆径还是不太知道应该如何回应顾韵的提问。他低头轻咳一声，勉强挤出一句话："我下次注意。"

林那斯见状，心领神会地拍了拍陆径的肩膀，笑着给台阶："学姐，我们三个人第一次组队比赛，磨合得不完美是正常的嘛。"话锋一转，他带着几分调皮说，"不过，我们比赛打了五个小时，学姐你不饿吗？要不我们去吃点东西吧？"

苏加嘉也点头附和："是啊，这都快两点了，食堂这个时候估计也没什么吃的了。"

顾韵听到这里，微微一笑，摇摇头，"你们三个去碰碰运气吧。"她摆摆手，轻松地说道，"叶老师约我两点去办公室，我得先去找他了。不过，还是祝贺你们成功出线。"说完，她转身朝门口走去。

陆径望着她离开的背影，眼神复杂。他有些不太明白自己心底那股奇异的情绪，但有一点他很清楚——她的话，已经在他的脑海里留下了痕迹。

8 这果子真能吃吗？

　　林那斯、陆径和苏加嘉看到顾韵并未过多纠结，心里不禁松了一口气。三人迅速收拾好东西，一路小跑向最近的食堂奔去，心里还存着一丝侥幸，希望能赶上最后一口热饭。不过食堂早已收摊，窗口后空无一物，只剩下些许冷清的灯光。

　　"要不去校外吃吧？"苏加嘉无奈地提议，声音里带着几分倦意，"可食堂离校门口太远了，我已经饿得腿都快抬不起来了。"

　　"点外卖？"林那斯叹了口气，"但这个点估计要等上半小时，真要等的话，我怕自己会直接饿晕。"

　　三人边走边聊，步伐不由得慢了下来。走出食堂门口时，林那斯的目光被一个熟悉的身影所吸引。他定睛一看，不禁有些惊讶，是那天在通宵教室遇到的女生。

　　她的长发微微披散在肩上，面容清秀，目光温柔，整个人周身散发着一种恬静的气质。林那斯心头一颤，仿佛有什么东西轻轻撞击了他的心房，泛起涟漪。

　　"哎，这么巧，怎么在这里遇到你了？"林那斯有些惊讶，走上前，脸上露出轻松的笑容，语气中带着一丝不自觉的欣喜。

　　女生闻声抬头，显然有些意外，眼中闪过一丝短暂的慌乱，但很快便被温暖的微笑取代。她的笑容轻柔自然，透着一股淡淡的亲切感，"是你啊，我刚才无意听到你们说很饿，没吃饭？"

　　"是啊，我们打比赛结束得晚，本想去食堂碰碰运气，结果啥都没剩下。"林那斯笑着回答，语气轻松，却掩不住一丝疲惫。

　　女生点了点头，眼神微微游移，似乎在思索着什么。她的手慢慢探入口袋，动作轻缓而小心，像是在内心做着某种权衡。片刻后，轻轻掏出几颗小巧的果子，摊在掌心，果皮光滑透亮，带着一抹自然的红润，看上去像山楂，又好似迷你版的苹果。她微微抬起手，将掌心稍稍向前伸了些，却又保持着一丝距离，仿佛带着些许犹豫和试探。她轻声开口，语调里透着点小心："如果你们很饿的话，要不要尝尝海棠果？这是我在学校外面的林子里捡的，味道还不错。"

话音刚落，她长长的睫毛轻颤了一下，不经意间透露出一丝羞涩，随即又飞快地低下头，似乎很担心自己的提议太过唐突。她的手指微微蜷缩，掌心摊开的角度有些僵硬，仿佛随时准备把果子收回去。

林那斯的目光落在她掌心的果子上，停顿了几秒，忍不住又抬头看向她的脸。这才注意到，她的耳垂微微泛红，和海棠果的颜色十分相似。

他微微一愣，心里闪过一丝疑问："海棠果？这种看起来像山楂又像苹果的果子……真的能吃吗？"

陆径的声音突兀地响起，打破了林那斯的犹豫："能吃。"

林那斯转头，看到陆径和苏加嘉也走了过来，他有些惊讶：这家伙什么时候主动参与这种话题了？

"我认识她，她是我姐的室友，之前带着我姐捡过好几次果子。"陆径语气淡然地解释，随后向女生打了个招呼。

"原来你和陆径认识啊……"时悦明显放松了一些，语气也少了几分拘谨。

"等等，陆径，你什么时候有个姐姐？"苏加嘉一脸诧异，忍不住插嘴问道。

"有啊，我有个双胞胎姐姐，在法学院，叫陆宁。"陆径一边说，一边指了指女生，"她是我姐的好朋友，时悦。"

"嗨，我是林那斯。"林那斯笑着回应，又顺势指向身旁的苏加嘉，"他是苏加嘉，我们和陆径是一个队的。"

"你们好，我是时悦。"她礼貌地笑了笑，显然因为有了熟人而稍微松了口气。

此刻林那斯心里莫名生出几分轻快，他看了眼时悦手里的果子，带着点新奇的兴致："那我们尝尝海棠果呗。"

三人各自接过一个果子，林那斯率先咬了一口，口感沙沙的，酸意率先在舌尖炸开，随后一丝清甜缓缓渗透出来，回味无穷。他微微眯起眼睛，像是在细细品味。

他抬头望向时悦，发现她低着头，手指无意识地摩挲着掌心，似乎还在担心自己的提议是不是太冒昧。她的侧脸线条柔和，睫毛低垂，微红的脸颊在阳光的映衬下显得更加温润。微风吹起额前的碎发，她下意识地伸手拨了拨头发，动作里透着几分不经意的温柔。

林那斯不自觉地勾起嘴角，轻轻点头："还真不错，挺特别的。"

时悦听到他的夸赞，抬起头，眼睛亮了亮，像是松了一口气，嘴角微微扬起了一抹笑意。"真的好吃吗？我还担心你们会觉得太酸呢。"

"确实挺好吃的。"苏加嘉也咬了一口，惊喜地发表评价，"没想到这小果子竟然这么有味道。"

"嗯，挺好吃的。"林那斯又咬了一口，海棠果的微酸与微甜在口中交融，莫名让人心情愉悦，和眼前这个女生的相遇让他觉得新奇又温暖。林那斯咬着果子，目光偶尔掠过时悦，却又迅速移开，生怕自己的目光停留太久会显得不自然。他没再多说话，却悄悄记住了她的名字——时悦。

"时悦，时悦！"

林那斯循声音望去，只见一个女生朝他们小跑过来。

她扎着高马尾，阳光洒在发梢映出圈圈耀眼的光晕。额头上渗着些许汗珠，眉眼间神采飞扬，透着几分活力与急切。一张娃娃脸，藏不住的娇憨，但五官的精致和熟悉感，让林那斯微微一怔，随即恍然，这不就是陆径的翻版，换了个性别吗？！

女生跑到时悦面前，喘着气，露出一抹略带歉意的笑："抱歉，辩论社那边拖了一会儿，没想到耽误了。"她的声音清脆、带着热情。然而，这份热情在她目光扫过时悦身旁的三人，最终落到陆径身上的那一刻，陡然消散。

"你早上去哪儿了！"她几乎没有停顿，抬手就狠狠拍了一下陆径的肩膀，"我给你发消息，怎么不回？！"

林那斯和苏加嘉被这突如其来的"暴力问候"吓了一跳，默契地往后退了半步——究竟是何方神圣？居然敢对陆径大神下手？！

陆径依旧面无表情，仿佛这种场面早已习以为常。他只是抬眼看了看女生，平静地说道："早上在比赛。"

随后他转向两位队友，用一贯平淡的语气介绍："林那斯，苏加嘉，这是陆宁。陆宁，这两位是我的队友。"

"陆宁？"女生挑了挑眉，毫不客气地纠正："什么陆宁，是你姐，陆宁！"

然而，就在这句话落下的瞬间，她脸上的表情立刻切换得干净利落，原本写满不耐烦的脸瞬间变得端庄得体，眉眼弯弯，语调轻柔，仿佛春日暖风："你们好呀，早就听陆径提过你们了。"

她微微颔首，笑容温和："如果这家伙平时不懂事，你们可以直接找我，我来收拾他。"

林那斯和苏加嘉有点愣住了，果然是姐弟，但是这性格差距也太大了。

两人赶紧回以礼貌微笑："哪里哪里，大多数时候我们都在抱陆径的大腿呢！"

"是吗？"陆宁轻轻笑了笑，眼神温和如水，"相互帮助最重要嘛。"

然而，她话音未落，立刻转回去瞪向陆径，态度大变："妈寄来了好多吃的，全是给你的！你赶紧去宿舍搬东西！我一个人可搬不动！"

"好。"陆径淡淡地应了一声。

"什么时候去拿？"陆宁一边催促一边翻着白眼。

"现在就去。"陆径语气平淡却带着些无奈，"走吧。"

林那斯和苏加嘉对视了一眼，差点忍不住笑出声来。苏加嘉低声说："我懂了。陆径为什么性子这么冷淡，大概是因为情绪都被他姐一个人承包了。"

林那斯抿唇忍住笑，点头表示赞同："确实，基因真是个神奇的东西。"

9 龙舌兰一生只开一次花

陆径和陆宁正准备离开，陆宁却像突然想起什么似的，猛地停下脚步，拍了拍脑袋，懊恼地说道："哎呀，我想起来了，我和时悦约好了陪她去校门口的邮局寄信！还说好在食堂碰头的。"

"没事，我自己去就行。"时悦赶忙接话，笑着摆摆手，语气轻松，"你赶快和陆径去拿快递吧，不然你一个人也搬不动，对吧？"

陆宁犹豫了一下，视线在时悦和陆径之间来回扫了扫，最终点了点头："好吧，那咱们一会儿见。"

陆宁和陆径离开后，只剩下林那斯、苏加嘉和时悦三人站在食堂门口。

林那斯看了看苏加嘉，忽然提议："要不咱们去校门口买点外卖？顺便给陆径带点吃的，估计他搬完东西就更饿了。"

"成啊。"苏加嘉点头，边说边掏手机，"我给陆径发个消息，问他想吃什么，"话没说完，他的表情猛地一变，皱了皱眉："糟了，我手机不在身上……估计是忘在机房里了！"

他说着立刻转身，急急忙忙往回跑，同时冲林那斯喊："你帮我和陆径带点吃的回来吧，随便什么都行！"

林那斯目送苏加嘉跑远，回头看了看身旁的时悦，见她似乎有点局促。他开口道："那我们一起往校门口走？"

时悦愣了一下，没想到场面突然变成了她和林那斯单独行动。她下意识地攥了攥衣角，随后点点头："嗯，好。"

两人并肩走向校门口，微风轻柔地拂过，空气里夹杂着草木的清香。林那斯瞥了眼身旁的时悦，她低着头，步伐轻盈，风吹起几缕发丝，掠过她的脸颊，衬得整个人越发安静。这样的安静，并非疏离，而是一种令人放松的自在。

经过学校的大草坪，林那斯的目光被前方一棵繁茂的大树吸引住了。翠绿的树叶间点缀着红彤彤的果实，细碎的黄色花瓣落在树下，像是铺了一层细腻的锦毯，微风拂过，果实在枝头轻轻摇曳。

"那棵树挺特别的，树上的红色果实看起来像灯笼。"他不禁随口感叹。

"那是栾树，等再过些日子，红色果实的颜色会更鲜艳。"时悦的声音很轻，却仿佛有一种奇特的力量，让林那斯耳边的喧嚣都安静了下来。

他有些意外地侧头看她，"你好像对植物挺了解的？"

"算不上，就是随便认识一些。"她微微一笑，语气淡然。

林那斯饶有兴致地环顾四周，又指向不远处河边那些开着细长黄花的植物，"那这个呢？"

"萱草，也有人叫它忘忧草。"时悦答道。

"忘忧草？"林那斯轻轻咀嚼着这个名字，笑着点头，"听起来挺有诗意的。"

时悦轻轻笑了笑，没再接话。微风徐徐掠过草坪，树叶沙沙作响，远处偶尔传来几个学生的笑声。林那斯的心里涌起一种奇妙的感觉，他以前从未如此留意过身边的植物，更没想过了解它们的名字和故事。但此刻，忽然觉得它们也变得有趣起来，也许是因为站在身边的这个人。

林那斯像是忽然想起了什么，眼里闪过一丝兴奋，"说起来，我们的队名也和植物有关。我们的队伍叫龙舌兰。"

"龙舌兰啊……"时悦若有所思，轻轻重复了一遍这个名字。她顿了顿，似乎想说什么，又突然把话咽了回去。

"怎么了？"林那斯察觉到她的迟疑，随口问道。

"只是……龙舌兰一生只开一次花。"时悦声音轻得像怕惊动了风。

"哈哈哈，我以为什么呢，那我们队要是实现两次夺冠呢？我要让你看看开两次花的龙舌兰！"

时悦被他笃定的语气逗笑了，两人并肩走着，风中夹杂着淡淡的植物香气，不知不觉间，校门口已近在眼前。林那斯第一次觉得这段路竟然那么短。

"我去买点吃的。"林那斯停下，掏出手机，递到她面前，语气随意又隐隐带着一丝期待，"对了，加个联系方式吧。"

时悦愣了一下，接过手机，低头输入号码。她的指尖在屏幕上滑动的动作缓慢而认真，仿佛在完成一件极为郑重的事情。

"回头见。"林那斯接过手机，朝她挥了挥手，语气轻快又带着几分笃定。

"嗯，再见。"时悦微微一笑，轻声回应。

校门口的街道上，人声鼎沸，自行车铃声叮当作响，路边小摊升起热腾腾的烟气。时悦站在原地，看着林那斯的身影逐渐消失在人群中，脑海中回响着林那斯刚刚的那句"回头见"。还会再见吗？时悦自己也不知道。

10 团队赛好难

"我一直以为，在今年的学校集训队中，我们三个人的实力已是顶尖，加在一起，理所当然就该是最强的队伍。可今天的训练让我明白，要真正融合三个人的力量，让团队发挥出远超个体的效果，仍有许多路要走。正如叶老师和顾韵教练提醒的那样，一个队伍最忌讳两点：一是遇到题目大家争抢上机，认为谁写的代码多，谁就是英雄；二是机械地搞平均分配，每人固定负责几道题，只有分工没有合作。"

——苏加嘉训练小结

另一边，陆径乖乖搬回了快递，而林那斯也带回了午饭，三人围坐在机房里，一边吃饭一边聊着训练安排。他们的生活就是这样，一边要紧张备战，一边要完成学业，时间紧、任务重，但三人却乐在其中，早已习惯了这种高强度的节奏。

虽然在区域赛的线上选拔赛中顺利出线，但他们心里明白，团队合作的默契仍然远远不够。距离 11 月的线下区域赛只剩下不到两个月的时间，为了更好地备战，他们决定增加组队训练的频率。

"周三下午没有课，我们 12 点机房见？"林那斯率先提出建议，"正好做一套去年的区域赛题，完整模拟一次现场赛的流程。"

三人一拍即合，准时在周三中午 12 点出现在机房。林那斯拿出顾韵提前打印好的三份题目，郑重地分发给两位队友。尽管只是训练，他们仍严格按照正式比赛的流程进行，尽可能营造出赛场氛围。翻开题目，12 道挑战题逐一展开，每道题目背后都潜藏着算法的深坑与巧思。

"这次我们试着优化分工，真正磨合一下配合。"林那斯开口。

"怎么分工比较合理？"苏加嘉问道。

"要不每人负责1/3的题目？各自认领最擅长的题，负责从思考到上机编程。不在机器上的时候，也可以并行思考其他题目，节省时间。"林那斯提出了一个最直接也最容易想到的方案。

"这个方法理论上可行。"陆径思索了一下，点点头，"但问题是，有些题可能某个人只是比另一个人稍微擅长一点，并非具有绝对优势，这种情况下，选题怎么分？"

"先通读所有题目，每个人挑出自己最有把握的。"林那斯做出决定。

三人低头，快速浏览题目，分析题目类型，拆解关键点，将隐藏在题目描述中的数学模型、数据结构或算法框架迅速在脑海中搭建起来。

林那斯率先敲定了自己的任务："我来负责第 1、4、7、10 题。第 1 题是动态规划，第 7 题是二分答案，这两个我基本有思路了。第 4 题是数论问题，正好是我的强项。而第 10 题……应该是基于仙人掌图的缩点和动态规划，我来尝试一下。"

"那我来第 2、3、8、11 题，看起来这几道都是比较硬的题，不过应该能搞定。"陆径一边翻着题面，一边淡淡地说道。

"那剩下的 4 道题就是我的了。"苏加嘉笑了笑，"第 5、6 题是队列和最短路，手到擒来。第 9 题是字符串匹配，可能需要优化后缀数组来提升效率。第 12 题看起来是数据结构题，正好都是我擅长的方向。"

"那就这么说定了！开始！"

随着林那斯敲下第一个字符，时间的沙漏悄然翻转。

第 1 题是动态规划，林那斯状态拉满，键盘敲击声清脆有力，思路清晰，迅速 AC。接着，陆径上机，迎战第 2 题。这道题有个容易误导人的贪心解法，但他精准避开陷阱，找到最优解，流畅提交通过。他继续写第 3 题——这是一道关于连通性的状态压缩动态规划题，难度极高，一般人看到就会头疼。但陆径就是喜欢挑战难题，他的指尖在键盘上游走，完成的代码结构严谨，测试一次通过。随后，林那斯接着上机处理第 4 题，涉及 Pollard's Rho 质因数分解和大数运算，他花了不少时间，最后成功解决。

"前半程不错，配合得挺顺的。"林那斯松了口气。

苏加嘉接力上机，第 5、6 题是他擅长的队列和最短路径算法。第 5 题，他巧妙运用队列来模拟递归、避免爆栈，顺利 AC；第 6 题则采用标准的 Dijkstra 算法，所有测试用例一次通过。

林那斯回到键盘前，第 7 题考察二分查找，他利用排序和预处理优化复杂度，很快解决。第 8 题是一个高级 DP 题，状态设计复杂，解法较难，但陆径理清思路，调试几次后，成功 AC。

然而，这种顺利进行的节奏并未持续太久。三个小时后，疲惫感开始蔓延。

当林那斯迎战第 10 题时，他的手速明显慢了下来，代码运行后总是无法通过样例。他尝试调试，输出中间结果，但思绪已经混乱，连续作战让他的专注力直线下降。

"怎么回事？"他皱眉自语，一边检查代码，一边揉着眼睛。

"要不我先把代码打印出来查错，陆径你先写第 11 题吧。"林那斯叹了口气，挪开座位，把机器让给陆径。

第 11 题是任务调度问题，需要模拟多线程任务分配并优化时间复杂度。这是一道侧重程序仿真与逻辑控制的题目，难度不小。陆径强迫自己集中注意力，敲击键盘的声音变得缓慢而沉重。尝试两次提交都失败后，他果断暂停："再试下去只会造成更多罚时，我先检查代码逻辑。"

苏加嘉的体力和脑力也大大下降，两位队友的状态使他更受影响，写 12 题时代码测试用例频繁失败，连续调试无果，他忍不住叹了口气。

三人交换了疲惫不堪的眼神，空气中弥漫着无声的压力。

五个小时后，训练结束。

三人几乎是瘫坐在椅子上，像泄了气的皮球，目光无神地对视着。

"分工虽然能提高效率，但完全靠个人顶题，越做到后期题目越难，体力和专注力根本跟不上。"

"我们得找到更高效的合作方式。"

"团队合作比个人赛难多了。"

11 她是 GuGu！

"这是怎么了？"三人愁眉不展时，顾韵的声音从门口传来。她提着水杯走进机房，语气轻松又带着些许关切，"林那斯早上给我发消息说你们下午在机房训练，我下课顺路过来看看。"

看到顾韵，林那斯和苏加嘉仿佛看到了救星，赶忙将刚才的训练经历一五一十地复述了一遍。顾韵一边听一边微微点头，待他们讲完后，不由得抿嘴一笑："你们这次的策略啊……说实话，以前确实有很多队伍都试过。结果基本都和你们一样，越到后期越撑不住。"

"果然不行啊……"林那斯长叹了一口气，虽然他在比赛后期已经隐隐察觉到这种策略的弊端，但听到顾韵的确认，还是免不了有些失落，"这次训练小结里好好记一下，这种方式行不通。"

苏加嘉伸了个懒腰："学姐，那你们队当年是怎么做的？有没有什么经验可以传授给我们？"

"每支队伍的情况都不一样，但我们和许多前辈的经验是，一定要有一名队长来统筹规划。"顾韵神色认真地说，"队长的任务不仅是决定哪道题先做、哪道题后做，还要合理安排每个人的任务。有时候，一些难题甚至需要两个人合作上机，而不是单独硬拼。合理安排资源，才是团队赛的核心。不过，具体的分工和配合方式还是要靠你们自己慢慢摸索和实践。"

"看来团队的磨合比想象中要复杂得多……"林那斯若有所思。

"那是当然。"顾韵点点头，"一般来说，队伍需要经过长时间的训练才能培养出真正的默契，甚至一年都未必足够。到后期，叶老师还会安排同性别的队友一起合宿，增加相处的时间，让大家更加了解彼此。你们现在才刚起步，遇到这些问题是很正常的。"

她顿了顿，扫了一眼屏幕上的代码和题目，"对了，你们刚才是卡在最后三题？要不我帮你们一起看看？我现在脑子比你们清楚些。"说着，顾韵拉开椅子，坐到陆径旁边，认真研究屏幕上的代码。她的目光在代码行间穿梭，偶尔停顿，思索片刻后迅速敲下几行修改建议。"第 10 题和第 12 题的问题不算难，"她一边讲解一边调整代码逻辑，声音温和且条理清晰。

"第 11 题有点棘手。"顾韵微微蹙眉，手指轻轻敲击着键盘，语气沉稳，"不过我记得以前在大榕树论坛上见过类似的问题。"话音未落，她已经熟练地打开浏览器，输入了大榕树论坛的地址。

在信息学竞赛信息交流尚不充分的年代，大榕树论坛是一座灯塔，照亮了无数编程爱好者的前行之路。它承载着一代竞赛选手的青春与回忆，记录着大神们的思考痕迹，也留下了无数初学者的求助帖。对林那斯、陆径和苏加嘉而言，这不仅是一个论坛，更是一段热血燃烧的岁月。

网页加载的瞬间，陆径下意识地朝屏幕看去。当他看到登录页面上出现那个熟悉的用户名"GuGu"时，整个人猛然僵住。一瞬间，仿佛有雷电在脑海中炸裂，他的心跳错了一拍，连呼吸都停滞了一瞬。顾韵竟然是"GuGu"！

陆径怔怔地盯着屏幕，无法相信自己的眼睛。"GuGu"，这个 ID 陪伴他走过了整个信息学竞赛的成长岁月。陆径还记得，在他还没有现在这么强大，在他刚刚涉足信息学竞赛的日子里，无数次被难题绊住脚步。他沮丧地在大榕树论坛发问，几乎要对自己失去信心时，总有一个叫"GuGu"的网友不厌其烦地给出详细的解答。那逻辑清晰、直指本质的讲解，总能帮他拨开迷雾，重新找到方向。

多年来，陆径无数次在心中描绘"GuGu"的模样。他设想过，或许是一位冷峻的天才，或许是一位思维敏锐的同龄男生，又或许是一位沉稳低调的师兄。可是，他从未想过，"GuGu"竟然是顾韵——眼前这个温柔、从容又透着一股笃定力量的学姐。

陆径的大脑一片空白，心底涌动着无数情绪：震惊、激动、不可思议。他不由自主地回忆起那些点点滴滴——第一次见到顾韵时的清新美好、顾韵帮助他们时的温柔耐心、指出他的执念时的温和坚定……

"原来她早就站在我的世界里了。"他的手不自觉地微微收紧，心底某种深藏的情绪悄然松动，如同春风拂过尚未抽芽的枝丫，在他毫无防备的瞬间，催生出一片蓬勃生长的绿意。

顾韵浑然不知陆径内心的波涛。此时，她已经迅速在论坛上找到了类似的问题，专注地向三人解析思路。她的声音一如既往地沉稳清晰，逻辑分明，时而比划，时而敲击键盘做示范，讲解得一丝不苟。

陆径站在她身后，目光落在她专注的侧脸上，眼神不自觉地变得柔和。他轻轻吸了一口气，努力将心底翻涌的情绪压下。

"终于讲完了。"顾韵长舒了一口气，伸展了一下手臂。

"对了，一会儿我要去火车站接个高中同学，她周末来找我玩，我这两天都不在学校。"她环顾了一圈机房，目光落在角落那个红色大水桶上，随口说道，"我在网上买了鲜花，周六会送到，你们帮我取一下快递吧。顺便帮我照顾两天，就用这个水桶养着，我周一来机房拿。"

"好，肯定照顾好。"还没等林那斯和苏加嘉开口，陆径已经干脆利落地应下了。

顾韵点点头，笑着摆了摆手，"那就拜托你们啦！我先走了。"说完，她轻盈地迈步走出门口，身影渐渐消失在走廊尽头。

等她走后，林那斯立刻挑眉，意味深长地看着陆径："你什么时候这么积极了？"

"对啊，你平时不是话很少的吗？"苏加嘉眨了眨眼，语气里带着点揶揄。

被两人这般盯着，陆径明显有些不自在，抬手不耐烦地挥了挥，语气刻意压低，"顺手的事而已。"当然，顺不顺手并不重要，但只要是顾韵的事，在陆径这里，不顺手的也会变得顺手。

林那斯和苏加嘉交换了一个"有故事"的眼神，却也没再继续拆穿。

"养花也不是啥麻烦事，"林那斯耸耸肩，"等学姐回来咱们还得把这花养得精神点，可别让学姐失望。"

12 保证完成任务

周六一整天，三人都没有等到快递的通知。傍晚时分，顾韵发来一条消息："店家说快递延误了，要明天才能到，也不知道花的状态怎么样。"

周日中午，快递终于来消息了。陆径几乎是从座位上弹起，第一个冲向快递点。他费了一番工夫才将一个长条形的盒子搬回机房，虽然盒子并不重，但他搬运的时候格外小心，仿佛里面装着极其珍贵的东西，生怕稍有磕碰便会损坏。

"总算到了！"陆径轻轻放下盒子，脸上浮现出既紧张又期待的神情。他小心翼翼地拆开包装，可就在打开的瞬间，眉头微微一皱，低声叹道："哎呀……"语气里满是失落与无奈。

听到他的声音，林那斯和苏加嘉围了上来。三人的目光落在盒子里的花上，三枝花像是刚经历了一场暴风雨，疲惫不堪。花茎软软地垂着，花瓣皱成一团，完全看不出本来的生机。

"是不是快递路上耽误太久了，这花是不是要死了。"

"感觉是，看着悬。"

陆径沉默地看着眼前这三枝蔫掉的花，眉头紧锁。片刻后，他缓缓伸出手，小心翼翼地扶正花茎，像是在做最后的努力。他心里只有一个念头，必须救活这三枝花，完成顾韵交给他的任务。

"我上网查查有没有什么办法。"陆径低声说道，此刻他脑海里没有其他选择，第一反应便是借助技术的力量。他迅速打开浏览器，试图从网上寻找解决方法。

林那斯看着陆径全神贯注的模样，目光扫过那三枝花，心里不禁有些复杂。他理解陆径的紧张，可这份紧张似乎……有些过了。

"话说回来，"林那斯突然开口，语气故作轻松地缓和气氛，"陆径啊，我们连花的名字是什么都不知道，怎么救？"

陆径没有说话，仍然继续埋头在屏幕上搜寻答案。他眉头紧锁，目光时而停顿，时而快速扫过，仿佛一分一秒都不容浪费。

"要不，问问顾韵学姐吧。"苏加嘉提议。

"先不要！"陆径声音陡然拔高，急切得有些刺耳。他猛地停下手中的动作，像是用这短暂的反应来稳住内心的动摇。

林那斯挑了挑眉，心里若有所思。片刻后，他眼前一亮，脑海里浮现出一个人的身影——"要不问问时悦？就是陆宁的朋友，她不是很懂植物吗？"

陆径听到陆宁的名字，原本紧绷的神情稍稍放松了一点。他迟疑了一下，内心挣扎着：他想靠自己完成顾韵交给他的任务，不想求助别人，可是眼下，他又毫无头绪。

"那问问看呗。"苏加嘉耸耸肩，看出了陆径的犹豫，给了他一个顺势台阶。

这一次，陆径没有反驳，轻轻点了点头。

时悦没想到自己会这么快再次见到林那斯。收到他的短信时，她正坐在湖边晒太阳，微风轻拂，让她微微有些困倦。短信内容简短，含糊地提到快递延误，花已经奄奄一息，问她是否有办法。她心里清楚，必须亲眼看看才能判断如何挽救。

她犹豫片刻，回了条短信："那我可以过去看看吗？"

"当然可以，那最好不过了！"

湖边离机房不远，她很快赶到。林那斯迎上去，看见她戴着一顶草帽，帽檐投下斑驳的影子，衬得脸颊微微泛红。

"花呢？"时悦四下扫视了一圈，开口问道。

"在这儿。"陆径小心翼翼地将花递给她，眼神里透着一丝紧张。时悦轻轻接过，目光落在那几枝奄拉着脑袋的花上，只看了一眼便说道："这是绣球花。"

"绣球？"

"对，绣球开花时花团锦簇，像个球一样，圆润饱满，颜色多是柔粉、浅蓝或者奶白。"时悦拨弄着花瓣，动作小心翼翼，脸上带着一丝怜惜。

"那……这花还有救吗？"陆径忍不住开口，语气中带着一丝急切。

"应该可以，绣球花喜欢水。"时悦顿了顿，环视机房，"你们有大点儿的水桶吗？"

"有！在那边！"陆径立刻回答，语气里带着少见的积极。

"你把大水桶里装满水，然后把这几支绣球倒过来插在水桶里，水要浸过所有花瓣，就这样放一个晚上，等绣球花喝饱了水，就会精神起来的。"

陆径皱了皱眉，视线在花和水桶之间游移，显然还有些迟疑。对他而言，这是个陌生的领域，他习惯了逻辑推理和严谨计算，习惯依赖自己能掌控的东西，而此刻，他无法预估这个方法是否真的奏效。

时悦垂下眼帘，嘴唇微微动了动，似乎想说些什么，却又迟疑地收住了话语。她并不是那种在别人面前能够自信表达观点的人，尤其是当她察觉到陆径的迟疑时，内心不禁有些紧张。她担心，自己这么说会不会让他觉得不靠谱，或者她的建议根本没有用。

就在这时，林那斯走上前，轻轻拍了拍陆径的肩膀，语气坚定："相信她吧，这种事她比我们都在行，赶紧试试，别耽误了。"

听到这话，时悦悄悄松了一口气。她抬头想说声谢谢，却不经意间撞上了林那斯的目光。他的眼神温和，带着一丝鼓励，嘴角微微扬起，像是在无声地告诉她："放心吧，我们相信你。"

这一刻，时悦的紧张悄然消散，心里涌上一股温暖的安心感。她轻轻勾起嘴角，冲着林那斯点了点头，眼神里藏着一丝感激和放松。

陆径严格按照时悦的建议执行了方案，那天晚上，他在机房待到很晚。每写几行代码，就忍不住回头看一眼水桶里的绣球花。花瓣依旧微微卷曲，但似乎已经悄然发生了变化，像是在安静地吸收水分，缓慢恢复生机。陆径的心情复杂而期待，既希望奇迹发生，又隐隐带着几分不确定的忐忑。

周一一早，陆径叫上林那斯和苏加嘉，三人急匆匆地赶到机房。空气中弥漫着一丝紧张又兴奋的气息。陆径深吸一口气，小心翼翼地拎起水桶里的绣球花。

"太神奇了！"林那斯瞪大眼睛，满脸惊叹。

昨天还皱缩打蔫的花瓣，如今已完全舒展开来。原本紧紧卷曲的花瓣，变得层层叠叠，宛如轻盈的羽翼，交错相依，凝聚成一团圆润饱满的花球。色泽也鲜亮起来，洁白的花瓣泛着柔和的光泽，像晨曦里的云朵，轻盈又透着一丝宁静的美。

"看起来有点像云。"苏加嘉忍不住感叹。

顾韵买的三枝绣球花，如今白得纯净透亮，淡淡的清新花香弥漫在机房，为这个充满代码与屏幕光晕的空间增添了一丝生机。

陆径凝视着眼前的花朵，心中的紧绷感悄然松解，取而代之的是满满的轻松和满足。他嘴角微微扬起，眼底的忐忑与不安彻底散去。他知道，自己终于完成了对顾韵的承诺。

13 只属于我的生日蛋糕

顾韵推开机房的门，第一眼便看见那个红色的大水桶。三枝神采奕奕的绣球花挺立其中，花团圆润饱满，像三团洁白的云朵，散发着柔和的光彩。她的眼睛瞬间亮了起来，脚步也不由得加快了几分，语气里满是掩不住的兴奋和喜悦。

"哇，没想到快递耽误了，这花还能保持这么好的状态！"她俯身端详，手指轻轻拂过一片片花瓣，语气里透着由衷的喜悦。

林那斯和苏加嘉对视了一眼，默契地交换了一个意味深长的微笑，却都没有多说什么。他们心里清楚，这三枝焕发生机的绣球花背后，是陆径默默付出的努力与执着。

陆径站在一旁，双手插在口袋里，表情依旧淡然，眼神却不由自主地落在顾韵身上。他看着她专注欣赏花朵的神情，嘴角扬起了一抹不易察觉的笑意，心中那根一直紧绷着的弦悄然松开。

这一刻，他觉得所有的付出都是值得的。或许顾韵永远不会知道，这几枝花曾经历怎样的挣扎，自己又为了它们倾注了多少心血。但这并不重要，重要的是，她很开心，而他，兑现了承诺。

有时候，喜欢一个人，不一定要让对方知道，也不一定要换来等量的回应。它可以是一种独自欣赏的默契，也可以是一次悄无声息的守护。

有些情感，就算只存于自己的世界里，也依然有意义。

夕阳的余晖透过机房的门缝洒落进来，斜斜的金色光线为洁白的绣球花镀上了一层温暖的光晕。花瓣在光影交错间微微透亮，柔软的轮廓染上一抹淡淡的金边，宛如静谧的奇迹，在时间的流转中悄然复苏。那些曾经枯萎蜷缩的花朵，如今亭亭玉立在水中，焕发出新的生机，仿佛在诉说它们的旅程——从衰败到绽放，从濒临消逝到重新盛放。

林那斯看着这般景象，忍不住掏出手机，轻轻按下快门，定格住这静谧又充满生命力的一刻。他低头编辑信息，将照片发送给时悦："从枯萎到盛放，像是一场奇迹般的重生，太震撼了。"

"对了，今天是夏茵的生日，我专门赶回来给她过生日。你们三个要不要一起去？人多好点菜，也更热闹。"顾韵像是突然想起了什么，眼睛亮了亮，语气轻快地提议道。

"夏茵？我们班那个吗？"苏加嘉有些意外，"我们和她不算熟啊。学姐你怎么认识她的？"

"我们是老乡呀，都是湖南人。"顾韵笑着解释，语气里透着几分亲切。

"哦，原来如此。"苏加嘉点点头，似乎明白了缘由。

顾韵忽然转向林那斯，眼中几分调侃："不过，'不熟'这话可不适用于你吧？林那斯，你跟夏茵应该挺熟的吧？"

林那斯微微一愣，随即笑了起来，挑眉反问："怎么突然扯到我了？"

"你不是经常帮她补课吗？她还说你是她见过最乐于助人的人呢。"顾韵语气轻快地补充道。

"那倒是，"林那斯耸耸肩，语气随意，"她不是竞赛出身，上创新班的课确实挺吃力的，偶尔讲解一下也很正常。不过话说回来，我们去给人家过生日，空着手可不太合适吧？"

"要不我们三个人一起给她买个生日蛋糕？"苏加嘉提议，语气里透着几分跃跃欲试。

"好主意！"林那斯当即点头。

陆径站在一旁，安静地听着几人的对话，低头看了看手机。虽然他没有插话，但顾韵的邀请在他心里掀起了一丝波澜。他既期待能借此多一些和顾韵相处的时间，又因为自己平日里习惯寡言少语，显得有些拘谨和不自在。

"行，那你们三个去挑蛋糕吧。"顾韵爽快地拍了拍手，笑容明媚，"等下我们在餐厅见。"

餐厅里人声鼎沸，热闹的谈笑声混合着食物的香气，洋溢着温暖的氛围。林那斯提着蛋糕，和陆径、苏加嘉一起，在服务员的引导下找到了顾韵和夏茵。

夏茵的目光第一时间落在林那斯身上，随即又迅速移开，像是怕被人察觉。她从顾韵那里得知林那斯会来，内心既期待又紧张。

"你们来了！"顾韵站起身，热情地招呼三人坐下。

林那斯放下蛋糕，冲夏茵点了点头，微微一笑："生日快乐，夏茵。这是我们一起买的生日蛋糕，希望你喜欢。"

夏茵慌乱地抬头看了他一眼，随即低声说道："谢谢你们，还特地选蛋糕过来，太麻烦了。"

"哪里麻烦啊，"苏加嘉笑着接过话，"主要是林那斯的功劳，你一会儿打开就知道了。"

饭后，众人围坐在桌前，顾韵小心翼翼地打开蛋糕盒。下一秒，蛋糕的造型让所有人惊呼出声——蛋糕的主体是一个电脑显示屏的造型，屏幕上用巧克力写着"Happy Birthday,夏茵！"，下方还有一个正在加载中的进度条，旁边的注释写着"一天进步一点点"。蛋糕底座则搭配了一套用巧克力制成的键盘和鼠标，细节逼真，巧思满满。

"这个设计是林那斯想出来的，让店家临时制作的。"苏加嘉笑着解释，"我们三个都觉得这个特别适合你。有计算机特色，又很有寓意。"

"进度条可以代表成长。"林那斯看着夏茵，语气带着鼓励，"我知道创新班的课程压力对你来说挺大的，但没关系，每天进步一点点就好，不用太急着追赶别人。"

夏茵怔怔地看着蛋糕，指尖不由自主地收紧。她听着林那斯的话，感到眼眶微微发热，心里涌起一阵难以言喻的感动。从小到大，因为她和弟弟的生日只差一天，家里总是只买一个蛋糕，姐弟俩一起过生日。对她来说，这样一个完全属于自己的生日蛋糕，尤其是如此用心、充满巧思、为她量身定制的蛋糕，简直是她从未奢望过的礼物。

"谢谢……"她低声说道，声音有些哽咽，却掩饰不住笑意，"谢谢你们，真的太用心了。"

"不用客气，生日快乐！"众人异口同声。

夏茵悄悄抬眼，目光落在对面那个正低头喝水的少年身上。林那斯依旧是那副温润如春的模样，浅笑间透着点漫不经心，仿佛一切——包括众人对他亲手设计的蛋糕的称赞——都只是寻常小事，无需放在心上。

但对夏茵而言，这些点滴怎会是理所当然的？

他曾在她被大作业难题困住时，仔细帮她检查，耐心地为她讲解；曾在她生病难受时递来一瓣剥好的橙子，带着阳光的气息；而在她生日这天，他带着专属设计的蛋糕出现。每一个瞬间都平淡无奇，却又分外动人。

就在这时，林那斯的手机屏幕亮了。夏茵无意间瞥见他低头看向屏幕，下一秒，他嘴角微微上扬，笑容清朗明亮，仿佛整个春天都停驻在他的脸上。

"大自然的力量不可思议。"屏幕上，是时悦发来的消息。林那斯的目光在屏幕上停留片刻，眼底泛起淡淡笑意，像是在通过短短几个字，看见消息那端的时悦，想象着她敲下这些文字时的神情。

坐在桌子另一端的夏茵，悄然捕捉到这一幕。那样的笑容，她从未在林那斯面对自己时见过——温柔、真实，却又带着一种轻松与自在。那是一种沉浸在彼此世界中的默契，无需言语，也不容外人闯入。

她轻轻攥紧手中的茶杯，指尖微微用力。心底，一阵细微的酸涩悄然泛起，如春日里突如其来的一场小雨，无声地打湿了那些尚未绽放的情愫。

14 谁来当队长？

"经过今天的队长选拔赛，我意识到，队长并不一定是队里实力最强的那个人，而是能把团队的潜力最大化的人。队长要真正了解每个队员，知道谁擅长什么、谁在什么时候需要支持、谁在压力下能稳定发挥。这不仅仅是技术能力的比拼，更是对人、对局势、对节奏的精准把握。队长的职责更像是资源的'优化配置'，要做到用人所长、避人所短，让每一个队员都能在自己最合适的位置上发挥作用。"

——陆径队长选拔赛小结

"龙舌兰队最近的训练还是没太找到团队合作的方向，不过好在他们自己也意识到了这个问题。前两天主动问我有没有相关经验可以借鉴，我告诉他们，根据以往的经验，一支队伍通常需要一名队长来统筹安排，确保整体节奏和分工能够协调得当。"顾韵向叶老师汇报龙舌兰队的进展。

叶老师微微点头，沉吟道："不错，你分享的经验对他们很有帮助。要知道，一个团队的成功不仅取决于个人实力，还取决于团队的整体协作能力。不过，我更好奇的是，他们最终会选择谁做队长。陆径的个人能力无疑最强，但从团队角度来看，他未必是最佳人选。我倒觉得，林那斯更具备调和团队关系、推动成员合作的能力，或许更适合作为团队的核心。"

顾韵笑了笑，赞同地说道："确实，他们三个人各有所长，都没有明显短板，是一支真正具备冲击世界冠军潜力的队伍。陆径拥有极强的个人战斗力，但作为队长，除了强大的解题能力，还需具备宏观掌控比赛节奏、充分调动队员积极性的能力。如果让陆径单纯作为解题核心，而让林那斯负责统筹，可能是最优解……但问题在于，陆径愿意接受这样的安排吗？"

叶老师轻笑，眼中透出一丝狡黠："的确，不如这样，我来为他们设计几场特别的比赛，毕竟，比赛最能见真章。"

"队长……"

自从听了顾韵的经验分享，陆径就一直在琢磨这个角色。他隐隐觉得自己最适合担当这个位置——队长不就应该是队伍里最强的选手吗？如果论实力，龙舌兰队还有谁比他更强？

正在这时，"叮——"一声提示音打断了他的思绪，叶老师的邮件弹了出来，标题赫然写着"龙舌兰队长选拔赛"。

陆径点开邮件，比赛规则看似简单，却耐人寻味：三位龙舌兰队员将分别担任队长，各自带领两名从其他队伍随机抽取的选手完成比赛。在比赛期间，三位队长不得触碰键盘，只能通过沟通和引导，助力队友完成任务。最终，根据三场比赛的表现，决定最适合担当队长的人选。

陆径盯着屏幕，"这个比赛有意思！就算不让我动手，我也能带领队伍拿下第一。解题交给我，我来指挥，他们照做就行。"

同时，林那斯和苏加嘉也收到了邮件。苏加嘉对"队长"这个角色兴趣不大，随手点开规则扫了一眼，只觉得这比赛挺麻烦的。倒是林那斯，看着规则陷入了沉思："看来，这场比赛的核心不在于个人实力，而是如何引导队友协同合作。有效沟通、适时鼓励、合理分工，这些才是决定胜负的关键。特别是在队友犯错时，队长需要快速发现问题，并帮助他们调整，这才是比赛真正要考验的能力。"

确如林那斯所料，叶老师设计这场比赛的目的，正是让他们深刻理解队长的真正意义。他曾多次对历届队伍强调："一支冲击世界冠军的队伍，成员间必须实现真正的合力，达到'1+1+1>3'的效果。而那些能够在世界总决赛中大放异彩的团队，无一例外拥有一个出色的队长——他不仅统筹全局，还能在关键时刻稳定队伍，引导队员发挥出最佳水平。"

第一场队长选拔赛开始了，题目由顾韵精心挑选，都是一些想算法不难，但是容易写错的题。

林那斯、陆径、苏加嘉都很快想出了各题的做法，开始和各自的队员交流做法。

"第一题很简单，是一个二分查找，你们谁来写？"陆径扫了一眼他的两位队员，直截了当。两人因能与"大神"陆径组队显得异常兴奋，争先恐后地表示自己可以完成。

林那斯则稳妥一些，"第一题是一个二分查找，不过可能存在一些边界问题。你们谁比较细心？先把这些边界情况梳理清楚，然后就可以开始。"他有意引导队员先思考，再动手。

相比之下，苏加嘉更为耐心，他选择亲自带队员过一遍整体思路："第一题这么做，我带你过一遍整体流程和边界处理，然后你再上机。"虽然花费时间更多，但这种指导方式让队员如沐春风，迅速领悟了题目的关键。

比赛中，陆径的队伍第一个完成并提交了第一题，但却收到一个错误答案（Wrong Answer）。队员原本的兴奋瞬间被失落取代，尤其想到陆径之前信誓旦旦地说"这题很简单"，以及自己刚才信心满满地去写第一题时给陆径大神的保证，不免感到愧疚和自责。见状，陆径立刻宽慰道："别担心，这只是热身。后面有难题，也是我最擅长的，我们一定会凭实力反超。"这句话既是安抚队员，也是对自己的鼓励。

与此同时，林那斯和苏加嘉的队伍因耐心处理边界问题，成功通过了第一题，顺利进入下一阶段。陆径这边，则安排队员将代码打印出来自己查错，同时让另一位队员上机开始第二题。

第二题是一道经典的动态规划题，尽管逻辑不算复杂，但运行时间的限制十分严格，稍有不慎便会导致超时（Time Limit Exceed）。负责实现的队员因缺乏处理此类题目的经验，初次提交时均未能通过。

此时，三位队长的临场决策能力成为关键——到底是应该优化现有算法的实现细节，小幅提高效率，节省出 10% 甚至 5% 的运行时间，还是应该重新推导更优算法？

苏加嘉皱着眉权衡片刻，选择暂时搁置："先观察其他队伍进展，再决定调整策略。"在他看来，贸然修改代码可能得不偿失，不如先收集更多信息再行动。

陆径则完全沉浸在问题中，他敏锐地察觉到当前解法可以被替代，立刻投入到新算法的推导中，希望能找到突破口。

林那斯采取最直接的策略。快速分析后，他认为现有算法只需进行一些常数优化便有希望通过，当机立断指示队员调整代码，专注关键优化点。

　　不久后，林那斯的队员完成修改，再次提交。屏幕上弹出测试通过（Accepted）的提示，全队士气大振，迅速进入下一题。整个队伍充满了欢乐、兴奋、放松的情绪，随后的比赛也越来越顺利。

　　苏加嘉看到林那斯队如此迅速地通过了第二题，猜测问题可能只是简单的常数优化，立刻指示队员按照这一方向进行调整。虽然稍晚于林那斯的队伍，但他们也很快解决了这道题，继续推进后续的任务。

　　反观陆径这边，他确实在短时间内推导出一个更高效的解法，充分彰显了他强大的逻辑能力和算法水平。然而，问题在于这个解法的复杂性超出了队员的理解和实现能力。陆径试图向他们解释，但时间有限，理解的断层导致效率大幅下降。这道题最终是靠陆径耐心拆解细节，逐步引导队员实现后才完成的。不过，由于耗时过长，他们的整体进度明显落后于其他两队。

　　随着比赛的推进，竞争愈发激烈。林那斯凭借着稳定的指挥能力和队伍默契，逐步巩固了领先位置。他的队伍不仅完成题目速度快，错误率也显著低于其他两组，展现出团队协作的高效性。

　　而陆径和苏加嘉的队伍则展开了一场激烈的"追逐战"。在某些题目上，陆径队凭借他个人的算法优势，偶尔会超越苏加嘉队。然而，陆径队因为早前在第二题上消耗过多时间，进度始终受限。而苏加嘉则凭借灵活的战术调整，带领队伍稳定推进，在时间管理上略胜一筹。

　　最终，随着最后一道题目的提交结果出炉，比赛落下帷幕。林那斯队以绝对优势赢得了第一场队长选拔赛的胜利。而苏加嘉队则在稳步积累中后来居上，凭借罚时优势力压陆径队，夺得第二名。陆径队，因为过于专注于复杂解法，在罚时总量上落后，遗憾地位列第三。

　　"没想到带队竟比我想象的更难。如果是我自己上机的话，今天肯定能拿第一。"陆径得知自己在第二题上杀鸡用了牛刀后，忍不住感慨，"要是我自己写程序，常数应该会小得多，第一次就能通过。不过，能想到这样一个精妙的新算法，还是挺开心的。"

　　林那斯也笑着附和："是啊，你这个算法真是太巧妙了。我也是运气好，觉得这个题目看起来不难，就试着冲一下，反正花点时间也不亏，最多就是多罚20分钟。比赛中，有时候'快好'比'完美'更重要。"

苏加嘉补充道："幸好有林那斯领榜，我看到你们这么快就通过了，猜测可能稍微修改就能解决问题。"

大家都觉得这次的队长选拔赛非常有趣，与平时的比赛完全不同，纷纷提议交换队员来进行下一场比赛。于是，接下来的两场比赛，固定了这三组队员，每场比赛都为每个组合配上新的队长。没想到，三场比赛下来，林那斯的队伍每次都获得第一名。

最后一场比赛结束，叶老师和顾韵组织三人复盘讨论。大家一致认为，林那斯在团队协作、临场指挥和队员调度方面表现最为出色，是最适合担任队长的人选。

即便是向来以个人能力自豪的陆径，也不得不承认现实，他沉思片刻后，爽快地点头："看来，有你这样的队长，我可以更专注于解决难题。"

叶老师满意地点点头："比赛的意义，从来不只是分出胜负，更重要的是，你们是否真正理解团队合作的价值。你们已经迈出了重要的一步，但这只是开始。真正的挑战，在更远的地方等着你们！"

顾韵微微一笑，轻轻鼓掌："队长确定了，接下来，就该全力投入真正的备战了。"

15 感谢植物学家

队长的人选尘埃落定，林那斯、陆径和苏加嘉都觉得，经过这场比赛，他们在团队合作方面终于迈出了实质性的一步。气氛轻松起来，三人一合计，决定去校外的小饭馆好好犒劳一下自己。

正聊着，陆径忽然想起了什么："上次绣球花的事，多亏了时悦帮忙。你们说，我是不是该好好感谢她？"

"那就叫上时悦一起吃饭吧，"苏加嘉爽快地提议，"请她吃顿好的，也算正式道谢了。"

林那斯的思绪却停滞了。他转头看了看陆径，又瞥了一眼苏加嘉，心中不免有些犹豫。他想起时悦问他要不要尝尝海棠果时通红的脸庞，想起陆径迟疑着是否要把绣球花倒插在水桶时，时悦那微微局促的样子，他清楚，时悦的性格细腻而敏感。

"等等，陆径，你把陆宁姐一起叫上吧。"林那斯担心只叫时悦一个人来吃饭，她会有心理负担。

他能想象时悦坐在饭桌旁的样子——她或许会小口地吃着饭，偶尔抬起眼睛，带着些许不自在地看向周围。但如果陆宁在，她或许会多一点安全感，也能更自在。

三人刚点好茶水，陆宁和时悦便赶到了。几人翻着菜单讨论着吃什么，这时，一位热情的服务员走过来，操着一口地道的浦江方言，笑盈盈地问道："要伐要阿拉帮侬推荐几只菜啊？"

陆径、陆宁和苏加嘉一脸茫然，完全没反应过来。倒是林那斯和时悦不约而同地抬头，几乎同时用普通话回应道："可以啊！"

服务员立刻来了兴致，热情地推销道："来一盘油爆虾好伐啦？虾子今朝早上刚到噶，新鲜额！阿拉厢红烧肉搭帮灵正宗！"

林那斯和时悦听得明白，笑着给其他人翻译。苏加嘉忍不住好奇地问："我知道林那斯能听懂浦江话，时悦，你也能啊？你是浦江人吗？"

时悦轻轻摇头，声音柔和："我听得懂，但不会说。我是东海人。"

"哎呀，真巧！"林那斯惊讶地抬起头，目光亮了亮，笑容带着几分意外，"我也是东海人，没想到我们居然是老乡！"

菜陆续上桌，香气扑鼻，氤氲的热气中裹挟着浓郁的酱香，大家边吃边聊，笑声不断。陆宁一向健谈，和苏加嘉聊得热火朝天，偶尔也带着时悦一起加入话题。在陆宁的陪伴下，时悦显然比平时放松许多，笑容也多了几分自在。

林那斯看在眼里，心里替时悦高兴。他思索片刻，忽然举起茶杯，语气郑重却又带着几分轻快："来，我们以茶代酒，敬一下植物学家时悦，感谢她江湖救急，让绣球花起死回生！"

他的语气没有一丝调侃，反而带着几分真诚与钦佩，让时悦微微一怔。她看着林那斯，眼底浮现出些许意外的光芒，完全没想到自己微不足道的帮助竟然会被如此郑重地感谢。

她轻轻笑了笑，举起茶杯："谢谢大家，其实也没做什么，就是刚好碰上了。"

林那斯轻轻碰了下她的茶杯，语气淡然，却意味深长："刚好碰上，那也是缘分。"

茶杯轻轻相碰，清脆的声音在饭桌上回响。而只有时悦知道，微微颤动的不只是茶杯，还有她心里的某个角落。

饭后，大家正聊得起兴，陆宁的手机突然响了。她低头一看，是家里打来的电话。接通后，寒暄了几句，她忽然抬眼看向陆径，嘴角勾起一抹促狭的笑意，把手机递了过去："爸妈想你了，和你聊几句。"

陆径眉头微皱，语气里带着点防备："怎么这么巧？刚吃完饭你们就打来了？"

电话那头，陆家爸妈语气里满是埋怨："你平时不是老躲着不接电话吗？今天可算逮着你了！以后要是再不接，我们直接找你姐去！"

苏加嘉见状，立刻悄悄凑近林那斯，压低声音笑道："还好你今天让陆径喊了陆宁一起来，不然他爸妈这次估计要炸了。"

这句话被一旁的时悦听到了，她低头端起茶杯掩饰情绪，表面若无其事，但心里却涌起一阵暖意。她不禁默默地感激林那斯——无论是有意还是无意，他好像总能读懂自己的心思。

陆宁执意让陆径留在餐馆里陪父母好好聊一会儿，林那斯、苏加嘉和时悦则先行离开。秋天的夜晚已有几分凉意，街边灯光柔和，三人走在路上，脚步缓慢而轻松。

林那斯注意到，时悦一直在努力找话题，似乎害怕沉默会让气氛尴尬。她低头踢了踢脚下的落叶，轻声问道："你们为什么喜欢信息学竞赛啊？"语气里带着几分好奇，"看你们平时训练那么辛苦。陆宁跟我说，高中的时候，很多人学信息学竞赛是为了学业，比如保送或者高考加分。但到了大学，其实就没那么多直接的好处了吧？"

林那斯几乎没有犹豫，脱口而出："我喜欢信息学竞赛，就是喜欢那种确定性。面对题目和运行条件，提交代码的那一刻，要么通过，要么不通过，这种明确的结果让我很安心。"

苏加嘉稍作思考后，接着说道："对我来说，信息学竞赛就像是生活的一部分，就好像有人日常生活里喜欢游泳或跑步一样。它给我带来的不仅是成就感，更是一种生活习惯和节奏。"

时悦听完，眼里闪过一丝羡慕的神情，轻轻叹了口气："真好啊，羡慕你们这种逻辑思维出色、数学能力强的人。能全身心投入到一件事里，还能找到乐趣，真的很了不起。"

苏加嘉有点好奇，"你是不喜欢数学？"

时悦微微蹙眉，像是在回忆："也不能说不喜欢吧。小时候还挺喜欢的，但小学高年级的时候遇到一位很严厉的数学老师，也不知道是不是受她的影响，后来对数学就没什么热情了。"

苏加嘉皱了皱眉头，略带感慨地说："嗯，我觉得老师的作用真的挺大。老师不一定要有很高的水平，但一定要善于鼓励和引导学生。我就读的高中并不是信息学竞赛的传统强校，但我的竞赛老师一直给予我鼓励，我才能坚持下来。"

林那斯接话，"是啊，老师的影响真的很大。但时悦，你也不用羡慕我们。人各有所长，你对植物的了解，是我和苏加嘉完全陌生的领域，这本身就很厉害。"

时悦轻笑，"谢谢你们。"

话音刚落，苏加嘉的手机铃声响起，他接起电话，眉头微皱："我室友又忘带钥匙了，我得回去一趟。"他朝两人摆摆手，"你们慢慢走吧，我先撤了。"

街头又安静了几分，只剩下林那斯和时悦两人。夜风轻拂，卷起落叶，发出沙沙的声响，在街角低吟成一首温柔的夜曲。路灯投下温暖的光晕，将两人的影子拉长，在地面交错，若即若离。

林那斯的目光不自觉地飘向身旁的时悦，发现她的步子放得很慢，似乎有些踌躇。他侧过脸望着时悦，看到了夜色中那张好看的脸，柔和的灯光将她的轮廓映得格外柔和，林那斯注意到时悦有一双漂亮的眼睛，在夜色中明亮又清澈，透着静谧而柔和的光芒，夜风吹起她耳边的几缕发丝，轻轻拂过脸颊，又悄然落下。

这时，好看的人忽然轻轻开口，声音像风中的呢喃，带着一点迟疑："林那斯，今天是不是你专门叫陆宁来的？"

林那斯愣了一下，随即坦然道："是啊。"

时悦听到这个回答，低头走了两步，指尖不自觉地搅着衣角，过了一会儿，又轻轻说了一句："谢谢你。"

林那斯嘴角微扬，笑意带着几分真诚又有些宠溺。两个人之间好像从来不用多说什么，就能够相互理解。他开口，声音明朗而温柔，"不用总是跟我说谢谢啦。还有，也不用怕我们之间不说话会尴尬，总想着找话题，和你一起聊天很开心，一起安安静静地散步不说话也很自在舒服。"

时悦这次没说话，她看着林那斯笑了，眼睛微微弯起，眸中亮起点点光芒，如同星星倒映在湖面，温柔又宁静。

到达宿舍楼下，时悦像是忽然想起什么，轻轻拉开包，翻找了一下，随后递给林那斯三个形状奇特的果实："这是佛手柑，刚才忘了给你们。"

林那斯接过一个，微微低头，凑近鼻尖轻嗅，一股清新淡雅的香气弥漫开来，夹杂着一丝柑橘的微甜，令人心生安宁。

"这个果子也能吃吗？"他好奇地问。

时悦轻笑："可以吃，不过我更喜欢闻它的气味，清新提神。放在机房里，累的时候闻一下可能会舒服一些。也不知道你们喜不喜欢，就想着可能会有用。"

林那斯低头看着手里的佛手柑，指尖触碰到果实表面，凹凸不平的纹路像是大自然随意又精妙的雕刻。果实的形状独特，像是展开的手掌，又像是正在跳跃的火焰，奇特又充满生命的张力。他凑近鼻尖，闭上眼，深吸了一口气，淡淡的香气透着清新和一丝微甜，像清晨第一缕阳光洒在草地上，又如雨后微风拂过，让人瞬间忘却了疲惫。

他抬起头，看着时悦的背影，思绪不由得飘远。佛手柑的香气在夜风中萦绕。"放在机房里累了时闻一闻？"这竟是他从未想到的用法。他忍不住轻笑，觉得时悦的巧思总是带着一种别样的温柔——不张扬，却细致入微。就如同她递过佛手柑时那句轻声的"可能会有用"，平静中藏着善意，又不会让人感到有负担。

林那斯的目光再次落回手中的佛手柑，那香气与形状仿佛成了一种象征，清新舒缓，又带着自然的随意和灵动。他忽然觉得，时悦就像这果实一样，简单中透着独特，平凡中又能不经意间给人带来宁静和温暖。

16 我们又不是湖南人

隔日清晨，机房的桌上静静摆放着三只佛手柑。柔和的阳光透过窗帘的缝隙洒落，映照出果实独特的轮廓与纹路。清新的香气弥漫在空气中，带着一丝宁静与舒缓。

林那斯站在桌旁，目光落在那三只佛手柑上，有些出神。它们静静地躺在那里，却似乎承载着某种无言的讯息，像是昨夜自己和时悦的对话悄然化作一种触手可及的温度，留存在这里。

正在他微微失神之际，门被推开，陆径和苏加嘉走了进来。苏加嘉的视线很快被桌上的果实吸引，随手拿起一只，满脸好奇："这是什么？长得挺有意思的。"

林那斯回过神，语气自然地说道："佛手柑，时悦昨天给我们的。她说闻着能提神。"

苏加嘉闻言，凑近嗅了嗅，随即感叹道："哇，确实挺清新的，这味道让人一下子放松下来。时悦真是有心。"

林那斯低头轻笑了一下，用指尖轻轻拨弄着桌上的佛手柑。他看着这奇特的果实，脑海中不由自主地浮现出昨夜时悦轻声提及它时的，她温柔的声音，轻描淡写的语气，以及那双清亮的眼睛。这三只佛手柑，似乎带着她的影子，无声地成为她存在的某种延续。

"吱呀——"机房的门被推开，顾韵踩着一双运动鞋，手里夹着一本笔记本走了进来。林那斯和苏加嘉正埋头敲代码，陆径倚在桌边，一边翻着资料一边思考。听见门响，三人齐刷刷地抬头，看到顾韵，林那斯率先笑着打了个招呼："顾教练，这么早就来了？"

顾韵扬了扬手中的笔记本，在桌上放下："区域赛就在下个月，我得盯紧点，今天过来给你们安排后续的训练计划。"

　　她翻开笔记本，里面密密麻麻地记录着各种表格和笔记，甚至连训练细节都规划得一丝不苟。她走到白板前，熟练地写下接下来的训练安排："从今天开始，每周的训练量都会增加，我们要在赛前把所有常见的题型全都过一遍。动态规划、图论、数据结构这些常见题型必须稳固，同时计算几何、构造、搜索、模拟，这些高中竞赛里较少涉及的题型，也必须加强练习。"

　　她写完最后一行，转身看向三人，继续说道："具体分工是这样——苏加嘉，你比较细心，专攻复杂的数据结构和模拟题；林那斯，你负责计算几何；陆径，你来钻研构造和搜索。"

　　白板上的训练计划清晰有条理，三人看着上面的内容，纷纷点头认可。顾韵语气郑重地补充道："我知道你们一直很努力，但区域赛不同于日常训练赛，竞争更激烈，解题的速度和准确率必须拉满。"

　　几个人专注训练，不知不觉就到了中午饭点。林那斯伸了个懒腰，随口提议："要不叫外卖吧，懒得出去了。"

　　"同意。"苏加嘉点点头，顺手打开外卖软件，正准备下单，陆径忽然站了起来："这次我来点吧，你们歇着。"

　　林那斯和苏加嘉对视一眼，愣了一下，陆径主动揽下这种琐事的次数并不多。但既然他难得主动，两人也没多说什么，干脆把决定权交给他。

　　不一会儿，外卖送到了。陆径拆开袋子，一道道菜摆上桌，剁椒鱼头、辣子鸡、香辣虾、湘西小炒肉，还有一道满是红油的凉拌藕片。红彤彤的辣椒，光是看着就让人舌头发麻，空气里弥漫着浓郁的辣香。

　　顾韵尝了一口鱼头肉，眼里浮现出一丝惊喜，眉眼弯弯地夸道："不错，这味道地道！"

　　然而，林那斯和苏加嘉的表情就没那么轻松了。两人小心翼翼地夹起一块小炒肉，刚一入口，火辣的滋味便猛然冲上舌尖，辣得两人脸色瞬间涨红。苏加嘉赶紧端起碗狂扒几口米饭，压低声音对陆径抱怨道："你疯了吧？这么多辣的菜我们怎么吃？我们又不是湖南人！"

"就是。"林那斯艰难地喝了几口水，终于缓过劲来，也跟着吐槽，"而且，陆径，你自己不吃辣，今天干吗抽风点一桌辣菜？"

陆径淡淡地笑了笑，没有解释。他只是看着对面吃得津津有味的顾韵，见她连说话的语调都轻快了不少，心里莫名生出一丝满足感，这顿饭算是点对了。

一顿饭下来，林那斯和苏加嘉一边吃，一边艰难地和辛辣作斗争，而顾韵却吃得十分尽兴，还和大家聊了不少轻松的话题。饭后，她看了眼时间，起身收拾东西，笑着向三人挥手："这家湖南菜味道不错，下次带你们去尝尝更正宗的！"

顾韵一走，三人顿时像泄了气的皮球，纷纷瘫倒在椅子上。苏加嘉喘着气，拿起湿巾擦了擦被辣得发红的嘴唇，满脸生无可恋："陆径，你这是什么操作？咱们三个谁能扛得住这么辣的东西！"

林那斯也忍不住附和："你自己都不吃辣，怎么还点了满满一桌？"

陆径低头闷笑了一声，眼神里闪过一丝复杂和释然，语气轻描淡写："顾韵喜欢吃辣。"

林那斯和苏加嘉对视一眼，似乎捕捉到了什么端倪。苏加嘉率先开口，语气里带着几分试探："陆径，你是不是喜欢顾韵？"

陆径手中的纸巾停在半空，微微愣了一下，随即抬头看向两人，眼神闪烁，像是被戳中了某个秘密。沉默片刻，他最终还是点了点头，声音低沉而平静："嗯。"

林那斯立刻来了兴趣，撑着下巴笑着追问："那你准备怎么追？"

陆径轻轻摇头，语气随意得像一阵风："我没打算追顾韵。"

"为什么？"苏加嘉皱起眉，"你不是一向行动力超强的人吗？这次怎么反而——"

"她不喜欢我。"陆径的声音平静，波澜不惊，嘴角甚至带着一丝淡淡的笑意。那笑意看似云淡风轻，却又让人摸不透背后的情绪。

苏加嘉不死心："你怎么知道她不喜欢你？"

陆径轻笑，靠在椅背上，目光淡然地望向窗外的天光，像是在思考，又像是已经得出了答案："她看我的眼神，和看你们时一样。"

林那斯微微一怔，盯着陆径的侧脸，试图从他平静的表情里找出一点不甘或者遗憾，可是没有。陆径神色如常，连呼吸都平稳均匀，没有一丝迟疑。

"就凭这个？"苏加嘉皱着眉，"也许她只是没表现出来呢？"

"不可能。"陆径摇摇头，语气坚定得不容置疑，仿佛在陈述一个再简单不过的事实，"一个人喜不喜欢你，你自己难道感觉不到吗？"

机房里一时安静下来，只有窗外的风轻轻摇晃着树叶，投下斑驳的影子。

林那斯轻轻地吐了口气，斜靠在椅背上，若有所思地看着陆径："那你还喜欢她？"

"喜欢啊。"陆径语气自然，没有一丝犹豫，仿佛这根本不是一个需要考虑的问题。他微微侧头，"喜欢一个人，本来就不一定非要得到回应。她开心，我就开心了。喜欢她，是我的事，跟她喜不喜欢我没关系。"

林那斯听着这话，沉默了几秒，忽然轻笑了一声，语气里满是敬意："陆径啊陆径，我以前只知道你固执，没想到你还这么通透，大神果真是大神。"

苏加嘉也忍不住感叹："要是人人都有你这种心态，世界上大概就不会有那么多庸人自扰了。"

陆径这次没有回答，只是嘴角挂着淡淡的笑意，安然自若。

第三篇

初出茅庐：三夺冠军

17 出　征

　　"顾韵教练一再叮嘱，赛场和训练不一样。很多队伍在训练时一切顺利，一旦踏上赛场，就会发现训练时从未遇到的问题会接踵而至。

　　赛场是一面放大镜，会将一支队伍所有的薄弱点暴露无遗。但同时，赛场也是最好的试炼场，只有真正经历过实战的洗礼，才能弥补训练中未曾意识到的短板，才能在一次次挑战中变得更强。

　　所以，我们一定不能轻敌。同时，也不能过分紧张。带着敬畏之心上场，带着自信之心迎战。这不仅是一场比赛，更是一次成长。"

——林那斯出征小结

　　林那斯、陆径和苏加嘉按照顾韵制定的训练计划扎扎实实地训练了整整一个月，终于迎来了他们的第一次中国线下区域赛。这场比赛将在北京举行，对他们而言，这不仅是首次正式出征，更是一次对团队实战能力的考验。

　　集训队有个传统，每次出征前，同学和朋友都会到校门口送行，为参赛队伍加油打气。这一次也不例外，校门口热闹非凡。陆宁、时悦和夏茵，还有创新班的其他同学，都特地赶来为他们送行。

　　人群中，陆宁围着陆径团团转，嘴里絮絮叨叨地念个不停，一边帮他检查背包的拉链，一边确认行李物品："身份证带了吗？手机充满电了吗？充电器别落下！"

　　陆径被这熟悉的碎碎念折磨得快要崩溃，长叹一口气，忍不住小声抱怨："姐，这已经是你第八百遍检查了！我又不是三岁小孩！"

　　顾韵站在一旁，忍着笑，语气调侃道："你姐姐这么负责，你该庆幸自己有个这么细心的姐姐。"

　　听到这话，陆径只能彻底闭嘴，满脸无奈地站在原地，像个认命的木偶般任由陆宁继续翻查背包。而站在一旁的林那斯和苏加嘉，早已看得忍俊不禁，默契地交换了一个"幸好不是我们"的眼神。

另一边，夏茵踌躇了一会儿，终于鼓起勇气，走到林那斯面前，双手递上一个小信封："这是给你的，祝你们旗开得胜。"

林那斯接过信封，低头拆开，映入眼帘的是一张精心绘制的贺卡。画面上，一面猎猎作响的红色旗帜稳稳地插在山顶，象征着攀登与胜利。旗帜上用金色的笔写着大大的"Victory"，字迹流畅有力，仿佛带着坚定不移的信念。下方的山路蜿蜒而上，展现出一步步攀登的艰辛过程，而贺卡边缘则以渐变色晕染出清晨的色彩，从湛蓝到金橙，恰似第一缕阳光洒在山巅，温暖而充满希望。

卡片内页，一行秀丽的手写字跃入眼帘："希望你们能像登山者一样，勇敢地攀登属于你们的高峰。"结尾处还添了一个小小的笑脸，俏皮又温暖，像是一份祝福，也像是藏在笔触间的心意。

林那斯抬起头，冲夏茵点点头，嘴角浮现出一抹礼貌的微笑："谢谢。"

这简单的一句话，却让夏茵的心跳猛地加快，她的脸颊微微泛红，仿佛整个世界的喧闹都静止了，只剩下林那斯的声音在耳边回响。夏茵咬了咬唇，轻声补了一句："你一定会赢的。"

林那斯的笑容未变，语气淡然却透着坚定："我们会尽力的。"

这一幕落入时悦的眼中。她站在两人身后几步远的地方，没有靠近，但她的手不自觉地攥紧了外套衣摆，指尖微微泛白。她的目光在林那斯和夏茵之间游移，心里翻涌起一种复杂的情绪。那是一种说不清道不明的感觉，是因为林那斯没有注意到自己而感到的失落？还是因为夏茵精心设计的贺卡而隐隐不安？

时悦看得出夏茵对林那斯的情感，那种隐藏在敬佩之下的局促与期待，如同一条阳光下的细小河流，虽然安静，但敏感细腻的时悦还是一下子就能感知到。夏茵脸上的微红、她攥紧信封的手指，还有那句几乎带着颤音的"你一定会赢的"，都让时悦的心像被什么轻轻扯了一下。

时悦并没有准备礼物，又不想打扰林那斯和夏茵的互动，下意识地后退了一步，就在这时，她看到同样有些落单的苏加嘉，于是缓步走过去，轻轻拍了拍苏加嘉的肩膀，微笑着说："苏加嘉，加油啊。"

苏加嘉回头看了她一眼，嘴角挂着轻松的笑："谢谢你，时悦。"

简单的对话让时悦的情绪稍稍平复了一些，但她的目光还是忍不住又一次飘向林那斯的方向，却不敢逗留太久，生怕自己的心思被看穿。

她努力调整呼吸，试图掩饰心里的动荡。就在这时，林那斯转过头，视线停在时悦身上，似乎捕捉到了她的那一抹微妙的情绪。

林那斯微微挑眉，语气带着一丝戏谑："时悦，你给苏加嘉加油，不给我加油啊？"

时悦被他突然点名，有些猝不及防，猛地抬起头，脸上浮现一抹慌乱。她试图让自己冷静下来，但嗓音还是带着点局促："当然也要为你加油了，还要为陆径加油，祝你们一切顺利。"

林那斯的嘴角微微扬起，目光带着些许柔和，声音带着点慵懒的满足感："这还差不多。"

送行渐入尾声，大家挥手道别，叶老师、集训队和学生教练陆续登上校门口的大巴。人群中，陆宁双手拢在嘴边，大声喊道："陆径！林那斯！苏加嘉！拿第一回来！"

陆径听得头都大了，无奈地低声对林那斯和苏加嘉抱怨："她从小就这样，管得比我妈还多。"

苏加嘉忍俊不禁："挺好啊，有人关心你，羡慕都羡慕不来。"

林那斯轻轻拍了拍陆径的肩膀，语气带着点揶揄："放心，等我们拿了冠军回来，她就没理由再唠叨你了。"

话音刚落，大巴后面突然传来一阵起哄声："拿了冠军回来请我们吃饭啊！"

三人相视一笑，挥了挥手，最后深深看了一眼熟悉的校园，带着期许与斗志，踏上了区域赛的征程。

18 看错气球做对题

"这次比赛多亏了老天眷顾，否则我的判断失误可能会造成严重后果。我意识到，观察场上局势并据此制定策略固然重要，但不能完全依赖，更不能盲目自信。比赛中必须带着思辨的态度，时刻审慎应对。作为队长，这一点尤为关键。"

——林那斯比赛小结

龙舌兰队抵达北京时，正值深秋的正午，天空澄澈高远，空气中弥漫着干燥的凉意。

放下行李后，林那斯、陆径和苏加嘉随叶老师和学生教练一同去吃了一顿热气腾腾的午饭。随后，三人前往比赛场地，参加主办方组织的练习赛。练习赛是正式比赛的"彩排"，目的是让参赛队伍熟悉场地和设备，确保正式比赛时能迅速进入状态。三人配合默契，整体发挥稳定，结束后便回到酒店，围坐在房间里，进行最后的战术讨论。

作为队长，林那斯率先开口说了自己的想法："正式比赛的题目难度是打乱的，根据往年的经验，最前面和最后几道题里通常会有相对简单的签到题。我们的策略是先迅速找到这些题目，拿下基础分数，确保队伍能够快速进入状态，稳定节奏。"

他目光扫过两位队友，继续说道："明天我们这样安排。苏加嘉，你从第一题开始读，快速判断是否是签到题。如果遇到题面特别长的题，可以先跳过，优先锁定容易上手的题目；陆径，你从最后一题开始看，执行同样的策略，不要贪恋难题，先找到能快速攻克的简单题。我从中间题号开始，同时观察排行榜的动态。"

他顿了顿，补充道："如果其他队伍提前通过某道题，我会第一时间去读题，判断这道题是否值得我们优先攻克。如果确认可以快速拿下，我会立刻告诉你们，随时调整策略，把那道题抢下来。"

"我同意这个方案，要是哪支队伍比我们更快通过某道题，告诉我，我一定能做出来。"陆径信心满满地附和道。

"这次我们的主要对手是清北大学的队伍，他们也都是之前高中信息学竞赛的金牌选手，而且明天是主场作战。今天练习赛时，我注意到他们的座位离我们不远，估计比赛时能感受到他们的节奏。"苏加嘉补充道。

"他们确实是强劲的对手，但我们也不是没有底气的队伍。相信自己的实力，记住，我们是冲着冠军来的，比赛时专心执行计划，不要被外界干扰。"

陆径和苏加嘉点头，三人眼神交会，眼中透着同样的斗志。

林那斯给大家打气，"早点睡吧，明天一早准时集合吃早饭。"

清晨的阳光透过体育馆高高的窗户洒落下来，像一层薄薄的金纱轻笼着偌大的赛场。空气中弥漫着一丝清冷的气息，却又夹杂着令人振奋的紧张感。龙舌兰队的三人早早集合，在叶老师和顾韵简短而有力的鼓励后，带着期待与谨慎，步入场馆。

入口处，志愿者站在一旁，有条不紊地引导选手依次完成严格的安检。本届比赛规则延续了一贯的严谨——除了纸笔，任何电子设备都不得带入赛场。

走进场馆，最醒目的便是中央悬挂的大屏幕，鲜红的倒计时数字如脉搏般跳动，提醒所有选手：时间有限，胜负从这一刻正式分晓。四周桌椅排列得整整齐齐，每支队伍都有固定的位置，桌面上摆放着统一的设备——一台电脑，一个密封信封，信封里装着三套打印好的题目，以及登录机器的用户名和密码。

桌子中央竖立着标明队伍名称的展示牌，而牌子上方的挂钩则是整个比赛的一大特色——每通过一道题，志愿者便会挂上一只对应颜色的气球。这些气球不仅是成绩的象征，更是赛场上最直观的荣耀标记，每当一只气球升起，都会引来周围队伍或钦佩或警惕的目光。

三人安静坐在标有"龙舌兰队"的桌子前，环顾四周，目光在设备与倒计时屏幕之间游移。整个赛场安静而紧张，选手们或低头沉思，或低声交谈，都在调整状态，等待比赛正式拉开序幕。

"各就各位，"林那斯低声说道，语气镇定中带着一丝凝重。他看了看队友，又看了看大屏幕，"比赛马上要开始了。"

随着倒计时数字跳至最后10秒，全场突然响起整齐的倒数声："10,9,8……"声音震耳欲聋，"3,2,1！"屏幕上的倒计时归零，比赛正式开始。场馆内的喧嚣瞬间被按下静音键，所有躁动仿佛都被一道无形的屏障隔绝在外。取而代之的是信封被撕开的清脆声、纸张翻动的沙沙声，还有键盘敲击的节奏，如密集的战鼓在空中回响。

大屏幕上的排行榜开始闪烁，队伍名称和分数实时更新，每一个提交的程序都像一颗投进湖面的石子，激起层层波澜。即使比赛才刚刚开始，紧张的气息已经如潮水般席卷全场，每个人都被它牢牢包裹其中，屏息以待。

这是属于他们的战场，也是属于他们的时刻。

比赛共有11道题目，分别用字母A到K标记。正如林那斯赛前分析的那样，签到题——也就是所有队伍都能快速通过的基础题——集中在A、I和J题；中等难度的题目则分布在C、F和H题；而D和E属于颇具挑战性的中期题；至于B、K、G这三道题，则是整场比赛最难的"BOSS级"题目，通常只有争冠队伍才会尝试挑战。

比赛开始后，龙舌兰队迅速进入状态，严格按照赛前分工展开行动。陆径首先锁定J题，迅速阅读题面，很快便确定了它的签到本质。他简短地和林那斯交流了思路，便立刻上机操作。手指在键盘上飞快跳跃，代码如行云流水般输入，编译、运行、测试，一气呵成。不到5分钟，J题顺利通过！

清脆的提示音响起，志愿者快步走向他们的座位，挂上第一只气球——那抹鲜艳的色彩，象征着他们的开门红。

与此同时，苏加嘉也快速完成了A题的思考与规划。他低声向林那斯确认："A题的解法我已经整理好了，等陆径下机，我马上上机。"

"节奏很好，继续保持。"林那斯点头肯定。

陆径迅速起身，与苏加嘉交换位置，丝毫不浪费时间。苏加嘉坐到电脑前，动作干脆利落地输入代码，提交，Accepted！

第二只气球随即升起，龙舌兰队的名字赫然出现在排行榜的最顶端，暂列第一！

在两位队友埋头解题时，林那斯作为队长，始终保持高度警觉。他的目光不断在场馆内扫视，观察着其他队伍的动态。很快，他注意到几支队伍的座位上，绿色气球相继升起——对照题目序号表，绿色气球代表 K 题。

他微微皱眉，低声自语："K 题？"这道题在之前讨论时被陆径标记为"题面冗长、初步跳过"，但现在却有多支队伍在比赛开始不久便通过了它，这显然不寻常。

林那斯立刻翻开 K 题题面，快速阅读。题目描述虽然较长，但核心问题看起来不难：在给定的规则限制下找到一个可行的答案。表面上看，这题非常符合"暴力搜索＋剪枝"的经典套路。所谓暴力搜索，就是通过枚举所有答案并逐一验证，其正确性毋庸置疑，但是通常效率低，容易超过规定的运行时限；剪枝，就是在暴力搜索的基础上，借助巧妙的判断提前将一定错误的搜索路径剪断，从而达到事半功倍的效果。

尽管概念清晰，但林那斯明白这类题目通常没有严格的理论时间复杂度保障。程序运行时间高度依赖于测试数据的性质，优化得当则可能秒过，优化不足则可能陷入死循环或超时。因此，经验丰富的选手通常不会在比赛伊始就贸然投入大量时间攻克这种题目，除非有极大的把握快速通过。

但眼前的情况显然打破了这一常规思维。为什么那么多队伍选择在开场阶段就解 K 题？更令人诧异的是，他们竟然都通过了？

正当林那斯眉头紧锁，为 K 题的复杂性感到困惑时，陆径刚好完成了 I 题这一签到题。他活动了一下肩膀，带着一丝轻松的语气问道："林那斯，怎么了？遇到什么麻烦了吗？"

林那斯点了点桌上的题面，语气里带着几分犹豫："是 K 题。很多队伍在我们过前两题之前就已经拿到对应的气球了，但我看了半天，没想出一个有保障的算法。要不你帮我看看？"

陆径听了林那斯转述的题意，也面露狐疑——这题似乎没有那么简单，

"嗯……确实不像签到题，看起来需要暴力搜索加剪枝，但要确保时间复杂度可控有点难。"他顿了顿，嘴角忽然扬起一抹自信的笑，说出了极具陆径风格的经典语录，"没事！虽然我可能不会'做'这道题，但我肯定能想办法'通过'它！"

说完，他拍了拍林那斯的肩膀，把题目揽到自己手上："你和苏加嘉继续推进其他题目，等机器空出来，我上。这题交给我。"

林那斯一听，也不再纠结，果断点头："好，那我们按计划来。加油！"

接下来的时间里，林那斯和苏加嘉配合默契，接连解出了 C、F 和 H 三道中期题目。虽然在解 H 题时因为一行代码里的 i 被误打成 j 耽误了一点时间，但二人很快调整状态，顺利完成了任务。此时，龙舌兰队与清北大学队都通过了 6 题，仅因罚时略有不同，龙舌兰队暂列第一、清北大学队位居第二。

比赛进入中后期，场上气氛愈发紧张。看到机器空了下来，陆径朝林那斯打了个手势，示意自己要上场攻克 K 题了。

坐在电脑前的陆径，脸上的表情瞬间变得专注而自信。由于林那斯和苏加嘉之前争取了大量思考时间，他已经理清了所有关键剪枝优化的思路，对这道题的解法胸有成竹。他熟练地敲击着键盘，代码行云流水般写就，编译通过，样例通过，提交，Accepted ！

与此同时，清北大学队刚刚完成 D 题，短暂登上排行榜首位。队员刚要松口气，就看见龙舌兰队一举通过了 K 题，也完成了 7 道题，重新夺回第一名！志愿者朝龙舌兰队的方向走去，手里拿着一只特殊的"一血气球"（每道题首支通过的队伍会获得一只独特的气球）。

"K 题一血？！"清北大学队的队员面面相觑，满脸震惊。K 题本是他们计划留到后期争冠时才尝试的难题，怎么龙舌兰队不仅先完成了，还拿下了一血？！

这一刻，龙舌兰队的挂钩上多了一只耀眼的特殊气球，格外醒目。林那斯和陆径对视一眼，脸上都露出了掩饰不住的疑惑。

"等等……"陆径皱着眉，看着挂钩上的气球，又低头查看实时排行榜，越看脸色越古怪，半响后，他终于抬起头，满脸不敢置信："我们……居然是第一个通过 K 题的队伍？！"

林那斯也凑过去核对了一遍，结果无可辩驳。

"林那斯，你不是说很多队伍一开始就通过 K 题了吗？"

陆径愣了一秒，随即满脸无语，"害得我刚才紧张得不行，还以为自己分析复杂了！这到底怎么回事？"

林那斯顿了一下，像是意识到什么，表情微妙地僵了一下，然后有些不好意思地挠了挠头："呃……可能是我看错气球颜色了。我……有点色弱。"

"？？？"

"……"

陆径怔住了，片刻后像是想到了什么，哭笑不得："你不会是把 J 题的黄色气球看成绿色了吧？"

林那斯闻言，赶紧抬头看了一眼挂钩，果然，早就有一只黄色的 J 题气球挂在那里，他瞬间一脸尴尬，挤出一丝笑容："呃……好像确实是这样……哈哈……不过，陆径大神你还是轻松搞定了这道题，说不定它就是我们最终夺冠的关键呢！"

陆径扶额，无奈地摇了摇头："行吧，现在说这些也没用了，算你运气好，我做出来了，不然这锅你可就背大了。"

苏加嘉在旁边憋笑半天，终于忍不住拍了拍林那斯的肩，语气调侃："幸好陆径实力强，不然林队长你的'色弱策略'，怕是要直接送我们出局了。"

林那斯连连点头称是，一边夸陆径"大神实至名归"，一边迅速调整状态，让队伍集中精力，继续攻坚 D 和 E 这两道中后期题。他心里明白，现在还远不是庆祝的时候。虽然龙舌兰队靠 K 题的"一血"暂时领先，但清北大学队的实力不容小觑，他们刚刚完成 D 题，仍在紧追不舍。如果后面掉链子，冠军依然可能旁落。

"稳住节奏，咱们再解两道题，就能锁定胜局。"林那斯目光冷静，迅速指挥三人分工协作。

三人很快进入状态，凭借默契的团队配合与精准的代码调试，稳扎稳打地解决了 D 题和 E 题。与此同时，清北大学队因 K 题的影响，原定策略被打乱，他们在短时间内被迫改变计划，决定优先攻克 K 题。然而，由于剪枝优化不足，解法反复提交均未通过，大量时间被白白消耗。时间一分一秒流逝，他们的表情也从从容逐渐变得焦躁。

最终，随着比赛时间归零，清北大学队仍停留在 7 题，遗憾位列第二，而龙舌兰队以 9 题的成绩遥遥领先，成功摘得区域赛冠军，锁定晋级世界总决赛的资格！

比赛结束，场边的清北大学队员们满脸无奈地讨论着："这个 K 题简直是'神来之笔'，不仅助力龙舌兰队稳稳拿下冠军，还把我们带进了坑，浪费了那么多时间！"

然而，他们并不知道，这所谓的"神来之笔"其实是源于林那斯的"色弱误会"。如果不是陆径凭借过硬的实力和精准的思路，在意外状况下扳回局势，K 题很可能会成为龙舌兰队的失误点，而非夺冠的关键。

赛后，三人向顾韵和叶老师复盘了整场比赛。当听到林那斯将 J 题的黄色气球错认成 K 题的绿色气球，误打误撞收获制胜关键时，顾韵和叶老师忍不住笑得前仰后合，连连摇头。

"这也太离谱了！"顾韵笑得直不起腰，"这次真是太险了，运气简直像从天上掉下来的。但记住，运气只是锦上添花，实力才是保证你们获胜的关键。"

叶老师也点头，语重心长地说道："的确，这次夺冠成绩很漂亮，但还是有很多值得反思的地方。尤其是 K 题的判断和策略分配，要是当时团队配合稍有偏差，可能结果就不一样了。"

顾韵点头补充："世界总决赛的难度远非区域赛可比，你们一定要有心理准备，未来更重要的是提升整体稳定性和抗压能力。"

林那斯、陆径和苏加嘉认真地点点头，他们心里明白，这次的冠军，不是终点，而是起点。

19 薄荷香

三人拖着疲惫的身体回到酒店房间，屋内灯光柔和，房间布置简单整洁，窗外的夜景隐隐透出北京的繁华。经过五个小时的鏖战，再加上夺冠后的庆祝，此刻他们终于能彻底放松下来。

苏加嘉直接扑到床上，长长地舒了一口气："总算结束了！这几天绷得太紧了，今晚终于能睡个安稳觉了。"

陆径则懒懒地倒在沙发上，随手点亮手机屏幕。消息栏里，陆宁的短信弹了出来："我看到顾韵在论坛上发你们区域赛夺冠了！真不愧是我老弟！回来了拿着奖金请我吃饭啊。"

陆径无奈地笑着摇了摇头，一边回复，一边对林那斯和苏加嘉说道："顾韵在水源 BBS 上直播了我们夺冠的全过程。我姐已经知道了，还让我回去请她吃饭。"

苏加嘉翻了个身，懒洋洋地笑着感叹："顾教练果然靠谱，这回可以说是'最佳通讯员'了。"说着，他摸出手机刷新论坛，果然在"水源 BBS"看到一个置顶帖，标题赫然写着："[ACM 赛事速报] 龙舌兰队夺得中国区域赛北京站冠军，晋级世界总决赛！"

帖子里详细复盘了比赛的关键节点，评论区已经炸开了锅，同学们纷纷留言祝贺。

苏加嘉啧啧称奇，感叹道："还别说，帖子写得还挺专业，复盘得清清楚楚，外行都能感受到比赛的紧张刺激。"

陆径对苏加嘉夸奖顾韵的话很是认同："要不是她，咱们的比赛动态就没人知道了。"

确实，十五年前，视频直播远没有今天这么普及，即便是 NBA 这种热门赛事，还有不少人是靠文字直播追踪赛况，更别说相对小众的编程竞赛了。水源 BBS 作为学校的"信息集散地"，这篇帖子无疑成为龙舌兰队夺冠的"官方报道"。

林那斯靠在椅子上，手机消息提示音此起彼伏。同学、朋友纷纷发来祝贺短信，他耐心地一一回复，又特意给父母发信息，分享这次比赛夺冠的喜讯。

很快，父母的回复弹了出来，简短却满含骄傲："真棒！我们为你骄傲！"

看着这条消息，林那斯的嘴角微微上扬。他能想象父母看到"龙舌兰"队夺冠的消息时脸上的笑意，那种含蓄又炽热的支持，总是温暖而坚定。

就在这时，手机再次震动，这次是夏茵发来的短信："祝贺你们夺冠！龙舌兰太棒啦。"

他点开信息，礼貌而简短地回复："谢谢你，比赛很顺利。"

这条消息发出后，他的动作不自觉地慢了下来。他下意识地滑动通讯录，停在一个熟悉的名字上——时悦。

他的指尖悬在屏幕上，却迟迟没有动。他想和时悦分享这份胜利的喜悦，但又有点犹豫。直接发消息会不会太突兀？或者说，她早就知道了？毕竟，陆宁一直在关注比赛，时悦很可能也看到了论坛上的文字直播。

"她会在意吗？"一个细微的念头在心底浮现，伴随着一丝不确定，又夹杂着些许期待。

林那斯失笑，轻轻摇了摇头，对自己想这么多感到有些无奈，最终还是打出一行字："你看到我们夺冠了吗？"

他按下发送键，随即靠在椅背上，手机握在手里，目光却定定地盯着屏幕。几乎是刚发出去，时悦的回复便跳了出来："一直在看，真为你们高兴！今晚终于可以好好休息一下了。"

短短一句话，却让林那斯心头莫名一动。他的目光落在那四个字上——"一直在看"，指尖不自觉地在屏幕上轻轻摩挲，仿佛想要把这句话刻进脑海。

她不仅知道他们夺冠，而且一直在关注比赛。

他仿佛能看到某个画面，时悦安静地坐在屏幕前，默默刷新着比赛动态，关注着他的每一步进展。她没有站在喧嚣的赛场里，但却一直都在场。这种感觉很奇妙，也很安心。像是她真的一直站在他身后，陪着他走过这场紧张而激烈的比赛。

三人睡了一个久违的好觉，第二天醒来，个个精神焕发，满血复活。他们整理好行李，踏上了回学校的归途。一路上，三人有说有笑，回顾着比赛中的种种趣事，气氛轻松愉快。

回到学校后，按照集训队的传统，他们决定用比赛奖金请整个集训队和一些要好的同学朋友吃饭。这不仅是一场庆功宴，也是一次感恩，感谢一路支持他们的师长和伙伴。

晚上，庆功宴在学校附近的一家餐厅举行。包厢里灯光柔和，暖黄色的光晕映在每个人脸上，气氛格外温馨。整个包厢里人声鼎沸，龙舌兰队的队员和集训队的其他同学围坐一桌，叶老师和顾韵坐在一旁，不时和身边的学生聊几句，脸上洋溢着满足的微笑。桌上的菜肴热气腾腾，香气四溢。

陆宁一进门，就像自家主人似的，满脸笑容地站在桌边招呼："龙舌兰队夺冠请客，大家吃好喝好啊！菜不够了就喊，再点！"

陆径坐在一旁，闻言忍不住翻了个白眼："搞得像是你请客一样。"

时悦坐在陆宁旁边，看着姐弟俩拌嘴，嘴角微微弯起。

与此同时，苏加嘉正绘声绘色地讲着林那斯"色弱策略"引发的乌龙事件："你们是没看见，他一脸认真地告诉我们说看到了'绿色气球'，还让陆径赶紧写 K 题，结果后来发现是 J 题的黄色气球！气得陆径差点掀桌子！"

包厢里顿时爆发一阵哄笑，气氛热闹非凡。

夏茵坐在林那斯身边，表面上跟着大家一起笑得开心，手中的筷子却不自觉地敲打着盘沿，显得有些心不在焉。她的目光时不时瞥向林那斯，似乎想说些什么，却一直没开口。

终于，在笑声稍稍平息后，她轻声说道："林那斯，其实……你有点色弱这件事，我觉得……"她顿了一下，仿佛在斟酌用词，才继续说道，"真的只是一个很小的缺点，不影响你的优秀。"

林那斯微微一愣，侧过头看着她，像是没想到她会突然提起这个话题。随即笑了笑，语气轻松地说道："嗨，这有什么，我都没在意过。"

另一边，陆径端起一杯果汁，缓缓走向顾韵。宴会的喧嚣在他耳边渐渐模糊，此刻，他心里翻涌着复杂的情绪。他向来不习惯表达感谢，尤其是面对顾韵。但此刻，他知道，有些话必须说。

顾韵的存在，对他而言，不只是训练时的陪伴，也不只是比赛经验的分享。那些他独自在编程世界里艰难摸索的日子，大榕树论坛上那个叫"GuGu"的人，以清晰的文字解答他的困惑，帮他一次次拨开迷雾。后来，当他陷入执念、困于死胡同时，依旧是顾韵，把他拉了出来，让他拥有了和两个最棒的队友并肩作战的机会。

"顾韵。"陆径站在她面前，嗓音低哑，像是压抑着什么，又像是终于鼓起勇气开口，"谢谢你。谢谢你让我有机会和两个最棒的队友一起参加比赛并且夺冠。"

顾韵抬手轻轻碰了碰陆径的杯子，"陆径大神，不敢当。夺冠靠的是你们三个人的努力，前面的路还长呢。"

两人相视一笑，杯子的清脆碰撞声在喧嚣中显得格外清晰。陆径知道，顾韵的这句话，和当年论坛里那些数不清的回复一样，会成为他继续向前的指引。

众人酒足饭饱，临走前，陆宁兴奋地掏出手机，熟练地操作着："我QQ会员等级高，咱们建个QQ群，以后你们再出去比赛，我们就可以在群里聊了，总是发短信多费钱！"

她手速极快，不一会儿就拉好了人，林那斯、陆径、苏加嘉和时悦都收到了邀请，群名也被她迅速改成"龙舌兰后援团"。

群里立刻跳出几条新消息，大家纷纷冒泡，气氛依旧热烈。众人三三两两离开，林那斯、陆径和苏加嘉去前台结账，走出餐厅时，他们看到时悦站在门口，手里拎着一个小袋子，神情安静，似乎在等人。

林那斯步伐下意识地快了几分，走近后轻声问道："时悦，你和陆宁还没回去？"语气里不自觉流露出些许关心。

时悦抬头看见他，微微一笑，上前将手里的袋子递给他："我想着你们夺冠了，应该准备个小礼物庆祝一下。这是一盆薄荷，可以放在机房里，提神醒脑。"

林那斯低头，看着袋子里青翠欲滴的薄荷，叶片上还带着些许水珠，隐隐散发出清新的香气。他怔了一下，随后嘴角弯起，眼神里多了几分柔和的笑意。"谢谢你，时悦。"他的声音比平时低些，透着真诚与欣喜，"这礼物真好。"

苏加嘉刚巧从后面走过，看到林那斯手里的盆栽，忍不住笑着打趣："时悦，我们机房都快成花园了。"

陆径站在一旁，闻言认真地问道："可是我们出去比赛的时候，有时候一周不在，这薄荷会不会死啊？"

时悦听了这话，连忙摆手解释，语气里带着几分急切："不会不会，薄荷特别好养，只要偶尔记得浇点水就行了，真的不会给你们添麻烦。"

林那斯看着她急于解释的样子，眼里闪过一丝笑意，声音温柔："怎么会麻烦，我们还从未收到过这么有趣的礼物。"

回到宿舍后，林那斯将薄荷盆栽放在书桌上，淡淡的草木清香瞬间弥漫开来，给整个房间增添了一丝清新气息。

他随手打开电脑，忽然想起了什么，点开 QQ，在陆宁刚建的群里找到时悦的头像，发送了一条好友申请。

时悦的手机震了一下，点开屏幕，看到跳出的消息——"林那斯请求加你为好友。"她的手指微微停顿，然后毫不犹豫地点击"通过"。

几秒钟后，林那斯的消息跳了出来："寝室里现在都是薄荷香。"

时悦凝视着屏幕上的文字，嘴角不自觉地弯起，仿佛自己也能闻到那股清新的薄荷香。

20 四两拨千斤，决胜东京

"编程竞赛，不管是高中的信息学竞赛，还是大学的 ACM 竞赛，都和体育竞技一样，有偶然性和必然性、策略和实力、经验、心态一样重要。"

——苏加嘉比赛小结

北京赛区的冠军争夺战尘埃落定，龙舌兰队成功晋级世界总决赛。然而，这仅仅是他们漫漫征程的开始。

按照浦江交通大学的传统，叶老师每年都会安排队伍前往其他亚洲赛区进行友好交流。一方面，是为了让队员熟悉不同赛区的出题风格；另一方面，是帮助大家在完全不同于国内的比赛环境中锻炼适应力，迎接新的挑战。今年，作为学校的最强队伍，龙舌兰队的目的地是日本赛区。这一选择不仅是荣誉的象征，更是一场需要全力以赴、不容掉以轻心的严峻考验。

日本赛区的题目以高难度和多样化而闻名，其风格与国内赛区截然不同。搜索与剪枝、计算几何、大型模拟题是赛题的主要类型，而数据结构相关的题目相对较少。对龙舌兰队而言，前往日本赛区参赛，不仅是一次技术上的适应，更是对心理韧性与策略智慧的全面磨炼。

更具挑战性的是，他们将在这片赛场上遇到强大的对手——东京大学队。

东京大学队汇聚了全日本的竞赛精英，队员中既有信息学竞赛的顶尖高手，也不乏数学竞赛的天才。他们的比赛风格，正如人们对日本人的刻板印象，极为注重细节，解题过程一板一眼，严格按照标准做法推进。尤其在计算几何和大型模拟题等复杂问题上，表现出色，执行力无懈可击。在世界总决赛的预测中，东京大学队始终是夺冠热门。

叶老师心里清楚，龙舌兰队此行绝非轻松的练兵。陌生的语言环境、跨国旅途的疲惫，以及即将与东京大学队的正面对决，都为比赛增添了重重压力。然而，正因这些挑战的存在，这场远赴异国的战斗才意义非凡。

机场大厅内，龙舌兰队的三人各怀心绪，有人满怀期待，也有人神色凝重。比赛的气息仿佛已经从未来的赛场提前蔓延至此。东京大学队，这个名字在他们心中激起了阵阵涟漪，既是无形的压力，也是奋勇前行的动力。

"这一次，我们不只是为冠军而战。"叶老师的目光缓缓掠过每个人，语气低沉却充满力量，"更重要的是，适应陌生的环境与压力，为未来的世界总决赛做好准备，锻炼我们在挑战中的应变能力与韧性。"

经过3个多小时的飞行，龙舌兰队抵达东京羽田国际机场。穿过繁忙的海关后，他们匆忙赶往地铁站。然而，日本复杂的地铁线路让人眼花缭乱，大站车、小站车的分类一度让他们有些手足无措。

那时，3G网络刚刚兴起，国际漫游费用高昂，只有叶老师开通了漫游服务，但却没有好用的翻译软件。三名队员虽平日爱看日本动漫，对日语有些了解，对一些中二对话和短语信手拈来，但在真实场景中仍难以应付。经过一番波折，他们找到了一位会说一点英语的车站工作人员，连比划带猜，再结合中文汉字，总算是问清了路线、车次和下车站点。赶到站台时，列车正好即将发车，大家匆忙登上车，刚松一口气，却惊觉——陆径被意外地留在了外面！车门在眼前关闭，列车开动了。

车厢内的林那斯和苏加嘉顿时心头一紧，但并未慌乱太久。两人迅速交换眼神，当即反应过来，一般而言，地铁列车停靠位置固定，下一站刚好是大小站车都停靠的站点，只要他们在下一站等候下一趟列车，就可以在同一位置与陆径汇合。没有多余的时间讨论，林那斯立即朝车窗外的陆径大幅比划，苏加嘉也用手势配合着提示方案。

站台上的陆径一开始有些紧张，但他看到林那斯和苏加嘉的动作，渐渐明白了他们的意思。他迅速分析了一下情况，也得出了相同的结论。于是，他选择相信队友，留在原地，耐心等待下一趟列车。

不多时，列车到达了下一站，林那斯、苏加嘉和叶老师迅速下车。几分钟后，他们看到了下一趟列车，而陆径就站在同一节车厢门口。车门缓缓打开，林那斯、苏加嘉和叶老师赶紧上车，和陆径汇合，紧张的气氛终于缓和下来。

"陆径，你刚才看懂我比划的意思了吗？"林那斯语气中仍带着一丝余悸，刚才的惊险让他久久无法平静。

"刚开始不太明白，但看着你的动作，猜测一下，很快就理解了。"陆径淡然一笑，"而且我相信你们一定会在下一站等我，所以我没有慌。"

听到这话，林那斯和苏加嘉都笑了，悬在心头的一块大石终于落地。这不是一次完美的计划执行，而是一场凭借聪慧、默契和信任完成的危机化解。

叶老师在一旁看着他们，暗自点头。虽是虚惊一场，却充分展现了这支队伍的默契，以及冷静应对和迅速达成共识的能力。他在心中对龙舌兰这支队伍的未来愈发充满信心：如果能把这样的默契带到赛场，他们一定能走得更远。

休整一晚后，东京赛区的比赛如期开始。本次比赛的题目虽中规中矩，但题面里的样例异常强大——基本只要样例测试通过，这道题就能顺利通过。龙舌兰队和东京大学队从比赛一开始便交替领先，将比赛逐渐拖入最后一小时的白热化阶段。此时，冠军归属只剩最后一道压轴题的较量——一道三维计算几何题。

看到题目的一瞬间，龙舌兰队的三人都不由得皱起眉头。

三维计算几何并非他们擅长的领域，反观东京大学队，在这类问题上有着丰富的经验和扎实的积累。龙舌兰队手头的代码库中根本没有可以拿来就用的关于三维计算几何题的相关代码，平时的训练虽然也会涉及计算几何，但基本是二维平面的问题。三维计算几何远比平面几何复杂，涉及坐标轴变换矩阵、三维向量、空间交点和多面体的剖分等一系列高难度操作。决胜题目要求判断一个三维平面是否将一个三维物体切割成两段，需要判断诸多特殊情况：如何将三维物体剖分成三棱锥？如何处理两个面平行的情况？如果三维物体不是凸的怎么办？虽然不是每种情况都很复杂，但是稍有不慎，便会掉入 Wrong Answer 的陷阱。

三人一时间没有明确的思路，面面相觑，气氛有些凝滞。

陆径很少直言"不会"或"不行"，但此刻，他握紧鼠标，轻轻吐出一句："我暂时想不出什么更好、更省时间的方法。可能只能分情况逐一讨论，但是速度上我们和东京大学比，不会有优势，感觉夺冠的希望不大了……"

林那斯也沉默不语，手指无意识地敲着桌面，仿佛在思索什么。他清楚，想要用传统的标准解法几乎是不可能的——三维计算几何的复杂性，手头没有可用的代码库，再加上时间限制，让这条路变得无比狭窄，几乎看不到走通的希望。他扭头望了一眼对面，东京大学队的三人依旧镇定自若，分工明确，键盘敲击声有节奏地传来，仿佛在宣告他们离胜利越来越近。

"他们的代码库里肯定有三维计算几何相关的标准代码。"苏加嘉喃喃道，又忍不住抬头看了看时钟——离比赛结束只剩不到 30 分钟了。

就在这时，林那斯忽然停下敲击桌面的手，像是在混沌中抓住了一根救命稻草。他眼神一亮，猛然抬头看向陆径和苏加嘉："不，我们还有机会。"

陆径和苏加嘉瞬间被吸引过来。林那斯压低声音，语气却充满自信："我们可以试试随机算法！"

随机算法并不依赖于完美的分析和复杂的几何推导，而是借助概率性策略获得高效的解答。林那斯解释道："我们可以将三维问题随机选择一个角度投影到二维上，在二维层面做必要条件的判定。这个过程可以重复很多次，如果有一次不通过，则三维的原问题必然不通过；如果每次都通过，则三维的原问题很大概率就是通过的。"

陆径迅速明白了这个思路，补充道："二维投影后非常好处理，我们甚至可以选取 1 万个不同角度进行投影，正确率可以达到 99.99% 以上。即便是概率性的方法，但这已经接近必然！"

苏加嘉也迅速跟上了两位队友的思路，三人达成一致。由陆径操刀编码，不出 10 分钟，这个精妙的随机算法便完成了。样例测试顺利通过！他们屏住呼吸，提交答案，Accepted！

就在龙舌兰队欢呼的瞬间，对面的东京大学队仍埋头处理复杂的几何交点和边界条件，显然没有料到龙舌兰队会以这样一种"出其不意"的方式解出这道题。虽然东京大学队最后也完成了解答，但龙舌兰队凭借罚时的优势，力压对手，拿下东京赛区的冠军。

比赛结束时，东京大学队的队员一脸错愕，似乎在思考龙舌兰队究竟用了什么策略。而龙舌兰队三人相视一笑，彼此心照不宣。

赛后，休息室里，龙舌兰队围坐在一起，兴奋尚未退去，三人迫不及待地向叶老师复盘解题过程。

"老师，真没想到，最后这道三维计算几何题居然是靠随机算法解决的！"陆径笑着说，语气中带着一丝不可思议，"东京大学队还在写标准解法呢。"

林那斯接过话，难掩兴奋地说道："一开始我们完全没有思路，真以为自己要栽了。但后来想到随机投影的方案，突然就觉得机会来了。虽然它有偶然性，但如果随机投影次数足够多，正确率就接近必然了。"

"对，我们推算了足够多的投影角度，当时我们心里认为正确率已经高达99.99%。"苏加嘉补充道，"即便带点风险，但在那种情况下，我们敢赌一次！"

叶老师点头："这次的胜利很有意义。不仅是在技术上有了突破，更重要的是在面对困境时，你们没有被慌乱打败，而是冷静地找到了机会。"他顿了顿，目光扫过三人，继续说道，"编程竞赛，不管是高中的信息学竞赛，还是大学的ACM竞赛，和体育竞技一样，技术是基础，但关键时刻，心态、策略和对偶然性的把握，往往起着决定性的作用。"

"没错，"林那斯笑道，"偶然性和必然性其实是交织在一起的，我们这次就是抓住了一个不确定中的机会。"

叶老师欣慰地看着他们："这正是比赛最迷人的地方——你们不仅是在解题，更是在博弈。技术、策略、心态缺一不可。偶然性不是失败的借口，而是胜利的机会。真正的强者，永远是那些懂得在不确定中寻找突破口的人。"

三个人对视一笑，继续兴致勃勃地讨论着刚才的紧张时刻。陆径兴奋地复盘着投影角度的选取，苏加嘉不时插话，而林那斯则还在思考是否能进一步优化这个方法。

叶老师静静地站在一旁，双手抱在胸前，目光温和而充满期待。这不仅仅是一场胜利，更是他们对压力、挑战与未知环境的又一次成功适应与突破。他知道，今天的胜利虽然带着一点偶然，但也是建立在龙舌兰队员扎实的积累、冷静的应对和敏锐的判断之上。这支队伍的未来之路，一定会越来越宽。

21 文科生不配被爱

比赛结束后的第二天，叶老师笑着对他们说："难得来一趟日本，别急着回去，这两天好好放松一下，去感受一下东京的文化吧。"

三人听了这话，顿时松了口气，终于能彻底放下比赛带来的紧张感，享受难得的悠闲时光，三人决定出发前往东京著名的浅草寺。

浅草寺是东京最古老的寺庙，以灵验和浓厚的传统氛围闻名，对于初次来到东京的游客，绝对是必去的地标之一。

三人来到雷门前，只见高耸的牌坊下，悬挂着一只硕大的红色灯笼，灯笼中央写着遒劲的"雷门"二字。人潮涌动，游客纷纷驻足拍照。

"这条街真有意思。"苏加嘉兴奋地四处张望，看着两旁店铺里琳琅满目的商品，"有卖人形烧的，还有这些手工小玩意儿。"

三人穿过熙熙攘攘的仲见世商店街，来到寺庙正殿前。香火袅袅，空气中弥漫着淡淡的檀香，游客络绎不绝，许多人双手合十，对着正殿虔诚祈愿。

林那斯抬头望着宏伟的寺庙建筑，感慨道："听说浅草寺的御守很灵验，要不要挑几个，带回去送给亲戚朋友？"

苏加嘉点点头："好主意，御守寓意好，而且还很有东京特色。"

三人站在御守柜台前，认真挑选着。

"这个'交通安全守'看起来不错，适合送给爸妈和我姐，有点出入平安的意思。"陆径说道。

苏加嘉指着"学业成就守"，笑着说道："我家那几个表弟快中考了，我可以买这个送给他们，希望能考个好成绩。"

林那斯也挑了一个"交通安全守"，又买了几个"学业成就守"，准备带回去给家人。但他似乎还没有选完，目光依旧在各种御守之间徘徊，像是在寻找某个特别合适的东西。最终，他的视线停留在一个明黄色的"心愿成就守"上。

这款御守设计简单却不失精致，淡黄色的底布上，绣着流畅的"心愿成就"四个字，字体温润流畅，透露着一种静谧而坚定的力量。他盯着御守看了一会儿，嘴角微微扬起，"这个……应该适合。"

买完御守后，三人绕着寺庙转了一圈，又来到签运处，兴致勃勃地抽签试运气。

苏加嘉第一个抽出签纸，展开一看，赫然写着"吉"字，他立刻乐呵呵地把签纸塞进包里："这次比赛赢了，签运也好，浅草寺果然很灵！"

林那斯看着他的兴奋劲，忍不住摇头笑道："你就这么信这个？那下次万一抽到'凶'怎么办？"

苏加嘉一本正经地回答："'凶'签可以绑在消灾的架子上啊，浅草寺这么灵验，肯定能化解。"说着，还指了指一旁绑满签纸的木架，神色颇为认真。

陆径站在一旁，无奈地笑着摇头："你这还真是有备无患。"

三人笑闹着离开浅草寺，沿着街道随意逛了逛，尝了几样小吃，直到夕阳渐渐西沉，才回到酒店。

回到房间后，三人各自整理行李，准备第二天返程。

林那斯坐在床边，从口袋里掏出那枚明黄色的"心愿成就守"。御守的绳结触感柔软，刺绣流畅而细腻，温暖的黄色让人感到安心。他的指尖轻轻摩挲着御守的布面，目光微凝，脑海里浮现出一个熟悉的身影。

"她应该会喜欢吧？"

这个念头不由自主地浮上心头，让他的嘴角不自觉地微微弯起。他小心翼翼地将御守放进单独的小袋子里，像是在郑重地对待某种期待。

三人载誉归来，受到集训队和老师同学们的热烈欢迎。回到学校后，林那斯终于有了空闲，他拿出手机，打开 QQ，给时悦发了条消息："这次在日本给朋友们带了些小礼物，给你也准备了一份。中午有空一起吃个饭？顺便把东西给你，算是我们队的一点小回礼。"

时悦的回复很快弹了出来："不用这么客气啦，那我们食堂见？"

看到这熟悉的回复风格，林那斯嘴角微微上扬，回了个"好"，然后合上手机，心情莫名地轻松起来。

中午，林那斯提前几分钟来到食堂。他站在门口，手里拎着装着御守的小袋子，目光在人群中搜寻着熟悉的身影。上次见时悦还是在北京赛区的庆功宴上，有段时间没见了。这次，他竟然有些期待，甚至隐隐有点紧张。忽然，远远看到了她的身影。

时悦穿着一件浅色大衣，肩上挎着书包，走在人群里显得格外安静。阳光透过树叶的缝隙洒在她身上，柔和的光线勾勒出清秀的轮廓，像一幅静谧的画。

"还真有点想她了。"他在心里轻轻叹了一句。

时悦也看到了他，快步走过来，"等很久了吗？"她微微喘了口气，语气里带着点歉意。

林那斯摇摇头："刚到，我们先吃饭，边吃边聊吧。"

两人找了个靠窗的位置坐下，阳光暖暖地洒在桌面上，映出浅淡的光影。林那斯从旁边的椅子上拿起袋子，递到她面前："这是我在浅草寺给你挑的小礼物，应该适合你。"

时悦接过袋子，打开一看，是一枚明黄色的"心愿成就守"，布料柔软，刺绣精致。她轻轻触碰着御守的布面，眼里闪过一丝惊喜："浅草寺的御守？听说很灵啊。"

"对，"林那斯笑了笑，"这是'心愿成就守'。算是我的一点小祝福，希望它能帮你实现心里那些重要的愿望。"

两人难得有机会独处，午后的阳光透过玻璃洒在桌面上，柔和而温暖，带着几分慵懒的惬意。空气里弥漫着饭菜的香气，周围是三三两两的学生，偶尔传来几声笑语，氛围轻松自在。

林那斯随意地转着手中的勺子，话题不知不觉回到小时候："我大概四五年级就开始接触编程，那时候学的还只是些基础的东西，但能靠代码把自己的想法变成现实，真的特别有成就感。"

时悦撑着下巴，眼里带着一丝好奇与赞叹："这么早就会编程了？那你小时候一定是学校里的小天才吧。"

"哪有什么天才？"林那斯轻笑着摇头，"只是单纯喜欢，刚好赶上了机会而已。后来到了高中，参加了几次比赛，才稍微觉得自己还行。但说实话，那段时间也挺辛苦的。"

"听起来很厉害啊。"时悦若有所思地感叹，"我小时候倒是没有那么高大上的兴趣爱好，最喜欢放假去爷爷奶奶家，在山里到处乱跑。春天摘野花，秋天捡核桃，感觉整座山都是我的。"

"听起来很自在啊。"林那斯笑着说，"和我的键盘世界完全是两种画风。"

两人相视一笑，仿佛从对方的童年里看到了自己未曾经历的另一种生活。他们随意地聊着，从小时候的回忆，到各自的求学经历，再到比赛中的趣事，话题跳跃，氛围轻松得像是多年老友重逢后闲聊。

聊到学校时，他们才发现，虽然来自同一个城市，却念的是不同的高中。

"还真是有点巧。"林那斯笑着感慨，顿了顿："要是我们在一个高中就好了。"

时悦听到这话，心里莫名一颤，像被轻轻拨动了心弦。她握着水杯的手稍稍紧了紧，语气试探着问："你喜欢什么样的女生？"

林那斯稍稍愣了一下，倒也没想太多，几乎是下意识地回答："以前吧，我觉得找个学理工科的女生可能会挺合适的，毕竟兴趣相同，沟通起来也方便。"他停顿了一下，似乎思索着，又补充道，"不过现在想想，好像也未必是这样。"

时悦愣了一下，水杯在手中微微晃动，杯里的水泛起几道细小的涟漪。她没有注意到林那斯说的是"以前"，也没有注意到他话里的松动与转折。她的脑海里，只剩下那句"找个学理工科的女生"。

时悦只觉得心里某处像被轻轻压了一下，压得不重，但那种闷闷的感觉却悄悄扩散开来。她知道林那斯是个理性又专注的人，他的世界总是精准又高效。以前从没想过自己能和林那斯这样的"理工科天才"有什么交集。刚刚坐在这里，听他说起过去，说起小时候的热爱，她一度觉得两个人之间并没有想象中那么遥远。可这句"理工科女生"，却像一堵透明的墙，将她无声地隔在了另一边。

她垂下眼帘，嘴角带着一抹若有似无的笑意，像是在自嘲，又像是掩饰自己的失落："是吧，我一直觉得学理工科的女生很厉害。"

林那斯听出她语气里的微妙，隐约察觉到她的情绪有些不对劲，想开口解释，却一时不知该怎么组织语言，思索片刻后，只能换个话题问道："那你呢？有没有想过以后想找什么样的人？"

时悦抬头看了他一眼，眸子里带着一丝复杂的情绪，她实在不想继续这个话题。于是，故作轻松地笑了笑，语气带着几分淡然："这个问题我倒是没想过。"说完，她放下杯子，突然起身，"不好意思啊，我下午还约了陆宁，先走一步了。"

林那斯看着她起身，明显感到对话结束得有些突兀。他张了张嘴，想再说点什么，却发现此刻说什么好像都不合适，只得轻轻点头："好，那你先忙。"

时悦转身离开，步伐比往常快了些许。阳光透过窗户洒在桌面上，茶水微微晃动，映出一层金色的涟漪。然而此刻，两人各自未曾说出口的情绪，就像这杯水里的波纹，悄然扩散，无法轻易平复。

22 他有喜欢的人了

大一即将迎来尾声，期末考试迫在眉睫，校园里的气氛也变得紧张起来。图书馆、自习室几乎座无虚席，所有人都在埋头苦读。

夏茵此刻坐在图书馆的一角，眼前摊开的是一本本教材，还有一堆复杂的代码和程序设计说明。她的额头上隐隐渗出几滴汗珠，嘴里小声嘟囔着："这都是什么鬼题目啊……"

创新班是全校最具特色的项目之一，由叶老师亲自设计并统筹管理。他不仅邀请计算机系最顶尖的教授，还引入来自科技公司、创业团队和国际实验室的校外导师，为学生带来丰富的实战经验和前沿视角。创新班摒弃传统"填鸭式"教学，采用"问题驱动式"教学，要求学生以团队或个人的形式解决实际问题，并用代码实现。期末考试也不同于传统的闭卷模式，而是综合实践考核，很多时候，学生需要在限定时间内完成复杂的编程任务。这种考核方式不仅考验理论知识，更注重创新与实操能力。

夏茵望着手中的题目，眼神中写满无助。纸上的需求描述晦涩而复杂，像是笼罩了一层难以驱散的迷雾。她咬着笔头，脑海里反复琢磨："光是理解需求就费了好大劲，还要自己写代码、优化逻辑……这根本是为大神设计的啊。"

她深深叹了一口气，把笔丢在桌子上，目光飘向窗外。阳光透过斑驳的树影洒进图书馆，安静又有序的学习氛围非但没能让她平静下来，反而让她的焦虑感更加强烈。

"不行，这样下去我什么都做不出来。"她这样想着，不由得又想到林那斯。过去一学期，多亏了林那斯在课后和集训间隙的点拨，她才能勉强跟上创新班的步伐。虽然林那斯的指导有时候简单到只有几句话，但总能让她茅塞顿开。

"他肯定能帮我。"这个念头在她脑海里一闪而过，但随之而来的却是犹豫和挣扎。"他最近也很忙吧？再说了，我的问题是不是太基础了，会不会显得我太笨？"

　　她盯着手机，手指悬在屏幕上，迟迟没有按下。几秒钟后，她轻轻咬了咬下唇，在心里反复权衡，最终一咬牙，敲下了一条信息："林那斯，我遇到点问题，能不能请你抽空帮我看一看？期末的程序设计，我真的有点搞不定……"

　　消息发送出去后，她盯着屏幕，指尖下意识地轻轻捏着手机边缘。整个心都悬了起来，像是害怕看到回复，又期待着回复。

　　不过几分钟，手机屏幕亮了起来，弹出一条新消息："好，你现在在哪儿？"

　　夏茵瞬间松了一口气，心跳的节奏却仍未平缓下来。她迅速回复："图书馆 A 区二楼。"，林那斯的消息又来了，"好的，我晚点过去。"

　　夏茵放下手机，轻轻舒了一口气。窗外的阳光依旧柔和，透过玻璃洒在书桌上，她低头看了一眼面前复杂的代码题，心情稍稍平静了一些。心里默默地想："还好有他。"

　　另一边，时悦和陆宁最近也频繁地泡在图书馆。法学院的期末考试虽然不像创新班那样需要动手设计程序，但也绝不轻松。大一上学期的法学绪论、宪法学和中国法制史学课程，全是需要先记背条款、制度和历史背景，最终结合实际案例输出观点的考试。时悦坐在堆满教材的桌前，看着书上密密麻麻的文字，觉得脑子已经被塞得满满当当。

　　可是，让她真正分神的并不是这些书本，而是图书馆角落里的两个人。

　　最近，时悦总是撞见林那斯和夏茵同处一隅。大多数时候，他们各自安静学习，但偶尔，林那斯会站到夏茵身边，低声讲解着什么，手指轻轻点着屏幕上的代码。他的神情一如既往地认真，而夏茵则不时抬头提问，偶尔露出恍然大悟的笑容。

　　每次看到这一幕，时悦的心情就复杂得难以言说。她的笔尖停在笔记本上，半天没动，脑海里全是刚刚看到的画面。"最近怎么总是看到他们在一起？"她有些疑惑，却又说不清哪里不对劲。

　　今天，时悦又一次在图书馆看到林那斯和夏茵。林那斯端着两杯咖啡，从二楼自习区走过来，把其中一杯递给夏茵。他们低声交谈着，林那斯笑了笑，夏茵也抿嘴笑着点头。那画面亲密又自然，像是无声地宣告着某种默契。

时悦看着这一幕，心里突然"咯噔"一下："他们是不是在一起了？"

她的脑海中浮现出一个画面——出征送行时，夏茵递给林那斯贺卡时的局促模样，以及她满怀期待地看向林那斯的眼神。

而现在，林那斯是回应了夏茵的感情吗？

这段时间，和林那斯的相处，总让时悦时不时生出一种错觉，觉得他或许是喜欢自己的。从东京比赛回来后，他主动约她吃饭，把那枚明黄色的御守送给她时的温柔模样，到庆功宴后的那些消息……每一个细节都让她忍不住去猜测他的心意。

可是，那天在食堂，他的话却像一面镜子，提醒着她不要想太多。"我想找个学理工科的女生做女朋友，大家兴趣相同，可能更好沟通。"

"林那斯喜欢夏茵，很正常啊。夏茵是理工科的，而且努力认真，和他的理想型完全吻合。"

几天后，时悦再次去图书馆，刚上楼梯，就看到林那斯和夏茵从楼梯间走出来。夏茵怀里抱着几本书，正和林那斯轻声聊着什么，脸上带着自然的笑意。林那斯则随手帮她推开门，那动作随意又熟稔，像是习惯成自然。

时悦的脚步在楼梯口顿住，她站在原地，目送两人并肩走远，心里那股难以言喻的酸涩感无处遁形。"果然，他们在一起了……"这个念头像一块石头，沉沉地压在心口，让她喘不过气来。

她攥紧手里的书，低下头，努力让自己的目光从两人身上移开，转身朝另一个方向走去。一路上，她反复告诉自己："不要多想，管好自己的事就好。"可胸口那种闷闷的感觉却像紧绕的藤蔓，怎么也甩不掉。

林那斯自然不知道时悦的这些心思。他这段时间在 QQ 上给时悦发过几次消息，有时候问她复习得怎么样，有时候随意分享一些生活中的小事，比如最近在图书馆自习时看到的趣事，或者是编程时遇到的奇怪 bug。

可是，时悦的回复总是隔了很久才到，态度一贯礼貌客气，但明显带着疏离。"不好意思，刚才在复习，回复得晚了。"她总是这样开头，接着再简单回几句。

林那斯看着消息，没觉得有什么不妥。他从陆径那儿听说，法学院的期末考试压力特别大，尤其是大量需要记背的法条，足以让人焦头烂额。他只是以为，时悦是真的忙着复习，所以没太在意。

考试周终于结束了，整个校园的气氛都松弛下来。林那斯收拾书本时，脑子里不自觉地想着时悦。两人已经好几天没有聊天了，他隐约觉得彼此之间好像比以前疏远了些，但又说不清到底哪里出了问题。

回到宿舍后，林那斯坐在书桌前，拿起手机，点开时悦的头像，输入了一行字："考试周结束了，恭喜你解放！今晚要不要出来一起吃个饭？"可手指停留在发送键上，他又犹豫了。

"最近她回复消息总是那么慢，也许真的很累，需要休息？"林那斯默默删除了消息，换了一种方式问道："考试终于结束了，复习得这么辛苦，结果应该不会差吧？"

发完消息后，他靠在椅子上，静静地盯着屏幕，等着她的回复。

过了一会儿，时悦的消息弹了出来："谢谢关心，总算结束了。"语气中透着一如既往的礼貌，甚至还有点客气。林那斯盯着这条消息看了几秒，心里莫名有种说不出的感觉。他犹豫了一会儿，又敲下一句话："考试周复习得太累了？"

时悦这次回复得更慢了："还行。"

看到这条消息，林那斯的手指停在屏幕上。他本来想问时悦哪天回老家，盘算着要不要试着买同一班车的票，但最终还是没把消息发出去。

林那斯买了考试周结束后隔天回家的车票。大一上学期，他几乎都泡在训练和区域赛的准备中，紧张得像一根拉满的弓弦，已经很久没回家了。这次他打算早点回去，陪陪爸妈。

到了车站，林那斯正排队过安检，不经意间抬头，就看到前方一个熟悉的背影正吃力地把大行李箱往安检仪上搬。他先是一愣，随即眼里露出笑意，快步上前搭手帮忙。

"我来吧。"他一边说着，一边轻松地把箱子放上安检仪。

时悦回头看到林那斯，眼里闪过一丝吃惊："林那斯？你也回家啊？"

"是啊，正好赶上今天的车。"林那斯笑着说道，语气里带着几分自然的欢快。他本来就想着能和时悦一起回家，但又怕直接问她有点唐突。没想到，老天竟然给了这么一个巧合的机会。

安检仪发出轻微的"哔"声，大行李箱顺利通过检查。林那斯正准备伸手提起箱子，时悦却摆了摆手："不用了，我自己来就好，刚才已经麻烦你了。"

林那斯以为她在客气，笑着说："没事的，我来吧，挺沉的。"

"不用了，我可以的。"时悦的语气听起来有点倔强，低头专注地抓住行李箱的把手，咬着牙哼哧哼哧地把箱子提了起来。林那斯站在一旁被晾着，伸出去的手收也不是，不收也不是，只能无奈地挠了挠头。

他跟在时悦后面走了一段，笑着问："你是哪个座位？要不要换个座位咱俩坐一起？"

时悦微微一怔，抬头看了他一眼，目光很快移开，像是在躲避什么。她没有立刻回答，反而看向林那斯的书包，目光落在书包侧面挂着的一枚干瘪却完整的佛手柑上。

那佛手柑已经失了水，体积只有原来的三分之一，表面微微发皱，但形状依旧完好，带着一丝独特的清香。有人在它的枝干上打了一个孔，穿上钥匙圈，挂在了书包上。

时悦盯着它，眼神复杂，忍不住问了一句："你把佛手柑挂在书包上了？"

林那斯低头看了一眼，点点头："是啊。我觉得它形状还挺完整，也有香味，就随手做了个小挂件，挺好看的。"

时悦心中像被什么重重撞了一下，那些她费尽心思压下去的情绪再次翻涌上来。她的脑海里闪过这段时间的无数画面：林那斯和夏茵在图书馆低声交谈，他为夏茵递上一杯咖啡时自然的笑意，还有帮夏茵推门时的随意与熟稔……所有这些，都像是在一次次提醒她，林那斯的世界，早已经有了另外一个人。

"他可能只是单纯觉得它好看吧。"时悦天性敏感，又有几分不自觉的悲观。

她认定林那斯和夏茵在一起了，此刻看到书包上的佛手柑，心中酸楚涌动，像是一道隐隐作痛的伤口被轻轻揭开。她明白，无论自己心里如何波动，都必须学会止步，适时抽身，不要让这份情感变成缠绕自己的荆棘。

时悦咬了咬唇，低头扶着行李箱的把手，声音轻得几乎听不清："谢谢你刚才帮忙，我先去候车了。"

"等下——"林那斯刚想开口问她要不要一起候车，时悦却已经转身走向另一边的候车区。

她的背影有些仓促，像是在逃离什么。林那斯站在原地，手还半举着，嘴边的笑容慢慢淡了下去。他皱了皱眉，心里隐约觉得哪里不对，却又说不上来。

回家的心情本该是轻松而愉悦的，但此时的两个人却各怀心绪，整个车厢似乎都被一层无形的情绪笼罩着。

时悦坐在靠窗的位置，塞着耳机，但音乐声却没能掩盖脑海中的思绪翻涌。而林那斯坐在大巴的最后，目光时不时望向前方的座位。他本想换到时悦旁边，可看到她一上车就戴上耳机、目光刻意避开的模样，他终究没有开口。

东海站终于到了，林那斯抬头看了一眼窗外熟悉的城市轮廓，心里一阵轻松，终于到家了。他起身拿下行李箱，排队下车时路过时悦的座位，已经空无一人。

23 合宿 312

寒假里，林那斯依旧时不时地给时悦发消息，聊一些生活中的小事，有时候是家里发生的一些趣事，有时候是比赛的回忆，又或者是随手拍的冬日风景。

每次，时悦都会回复，但语气里少了往日的轻松和亲近，变得简短而克制："嗯，挺好的。""是吗？真不错。""辛苦了。"字里行间都透着一种礼貌的疏离。

林那斯看着手机屏幕上的对话，心里忍不住嘀咕："哪里出了问题呢？"他不是没察觉到时悦的态度变化，可他怎么也想不通原因。明明之前还聊得很愉快，什么时候开始变得这么生分了？

他原本打算约时悦出来，一起吃点家乡的小吃，说不定还能一起逛逛街。可每次点开对话框，输入了一半的话，又删除。看着时悦简短的回复和那隐隐透出的疏远感，他心里莫名有些没底。

"算了。"林那斯叹了口气，把手机丢到一边。"等开学了再说吧，到学校里找个机会当面聊聊。"就这样，林那斯成了少有的几个盼望开学的人。

新学期终于到来，就在开学第一天，龙舌兰队便接到一个意料之外的好消息——俄罗斯信息学竞赛传统强校俄罗斯大学发来邀请，中国五支顶尖队伍将前往圣彼得堡，参加中俄对抗赛。

俄罗斯大学是信息学竞赛史上获得世界总决赛冠军次数最多的学校之一。能够与他们同台竞技，既是难得的荣誉，也是重要的练兵机会。对龙舌兰队来说，这场比赛不仅是与俄罗斯高校的切磋，更是他们前往不同国家和地区、适应全新环境的又一次实战考验。

这个消息来得太突然，林那斯甚至还没来得及找时悦单独聊聊，便被拉入了紧张的备战中。准备签证材料、分析俄罗斯赛区的出题风格、整理可能遇到的典型题型……每天的日程都被安排得满满当当。

同时，叶老师为三人安排了专属宿舍，方便集中训练。这是浦江交通大学集训队的传统，每支队伍的同性别队员都会合宿。叶老师始终认为，队员之间的默契配合光靠机房里的训练和讨论远远不够，更要在日常生活中培养深层次的理解与信任。

"真正的默契，是彼此在生活中融为一体的结果。"叶老师曾对他们说，"只有当你们熟悉队友的习惯、节奏，甚至能察觉到他们的心情变化，才能在比赛中不需要多余的语言，就能做出同步的判断和决策。"

三人哼哧哼哧地搬着行李来到宿舍门前，看到门牌上的数字——312 寝室，顿时都乐了。

"312 寝室，怎么不叫 123 呢？正好是三个队友，多顺口！"苏加嘉调侃道。

"先说好，我睡觉打呼，非常响。"林那斯开门见山，"不过有个好处，你们可以随便开灯、发出声音，甚至敲锣打鼓，我都不会醒。"

陆径摆摆手，满不在乎："没事，我晚上戴耳机看动漫，不怕声音。"

"我用机械键盘，也许会吵到你们。"苏加嘉也客气地提醒。

话音刚落，陆径和林那斯几乎同时掏出自己的黑轴机械键盘，敲击几下，清脆响亮的"咔哒"声在房间回荡开来。林那斯拍了拍苏加嘉的肩膀，露出得意的笑容："放心，兄弟，都是一路人。"

合宿的第一晚，三人简单收拾好行李，便坐在床上聊了起来，话题很快从训练转到生活习惯上。

"我以前的室友特别'崩溃'，"林那斯先开口，回忆着，"我要设 10 个闹钟才行，通常是闹钟响了，室友醒了，我还在床上睡得跟死猪一样。后来室友直接跟我说，'你别定闹钟了，告诉我几点起，我来叫你。'"

"沾床就睡，还起不来，你这睡眠质量绝了。"陆径笑得前仰后合。

"你也差不多。"林那斯毫不示弱，"每次追番追到凌晨，电脑屏幕亮得像探照灯。你室友要是怕光，早被你折腾得神经衰弱了。"

"是，我确实有点熬夜成瘾。"陆径笑着承认。

苏加嘉看着两人互怼，摇头笑道："看样子，我是最正常的那个。"

陆径拍了拍他的肩膀："别急着自夸，合住几天再说，指不定谁更奇葩。"

林那斯笑了笑，眼神中带着温暖的感慨："之前我们一直忙着训练，比赛的时候忙着赶路、调整状态，节奏快得让人透不过气。现在想想，好像还真是第一次有机会这么深入地了解彼此。"

龙舌兰队三人的默契迅速升温，他们几乎 24 小时待在一起，白天在机房训练，晚上回到宿舍里少不了讨论题目、回顾训练和闲聊日常，他们逐渐摸清了彼此的小习惯，并在一次次交流中增进了对彼此的理解。

这天晚上，三人围在陆径的书桌前，对着一道复杂的动态规划题展开激烈讨论。陆径看了一眼题面，刚读完，便随口说了一句："这题很简单。"

苏加嘉的眼皮一跳，忍不住皱眉："简单？可这明明是那种状态转移方程复杂到要爆炸的题目啊。"他有点不解地看向林那斯，试图确认是不是自己想得太复杂了。

林那斯正埋头在草稿纸上画状态转移图，抬头笑了笑："别急，他的'简单'不是你理解的'简单'。这些天相处下来，我大概明白了陆径大神口中的'简单'是代表'可行''基本可以搞定'的意思。"

果然，陆径放下题面，摊开双手解释道："我说简单，是因为这题有思路，可以做下去。"

苏加嘉恍然大悟，拍了拍额头："明白了，不过林那斯你是怎么发现的？"

林那斯狡黠地一笑："你最近没注意到吗？上次我衣服的纽扣掉了好几个，陆径大神说'这个简单，我来弄一下。'我当时还以为他是缝纽扣的高手，结果他缝的纽扣歪得像要参加抽象艺术展。"

苏加嘉顿时笑出了声："确实！他还说过啥？"

"还有上次我打篮球回来一身汗，结果宿舍的热水器坏了。"林那斯说到这里，清了清嗓子，模仿着陆径那副满不在乎的语气说道："这个简单，你去楼下打瓶热水再兑点冷水洗洗就行了。"

林那斯翻了个白眼，接着说："我当时刚听到陆径大神说'这个简单'的时候，差点以为他会修热水器。"

陆径无奈地摆摆手，笑着承认："好吧，确实，我的'简单'就是这么回事。"

苏加嘉捂着肚子喘了口气："没事没事，我们再多听说几次'简单'，习惯就好了。"

另一晚，三人在宿舍一起看悬疑电影。昏暗的房间里，屏幕闪烁着微光，剧情正推进到高潮，一场扑朔迷离的案件让人屏息凝神。就在这时，林那斯开始下意识地用手指轻轻敲击桌面，"咔哒、咔哒"的声响在房间里回荡，节奏逐渐加快。

苏加嘉敏锐地察觉到，轻声对陆径说："你看，林那斯这会儿在思考谁是凶手了。"

陆径也注意到这个熟悉的"小信号"，林那斯思考时总会用手指轻轻敲击桌面。他敲得节奏越快，便说明问题越有挑战性。果不其然，林那斯皱着眉头，盯着屏幕，眼神专注而紧张。

"等着看，他一会儿肯定会突然停下。"陆径笑着说道。

果然，不到一分钟，林那斯的手指猛地停住，随后转头一脸笃定地对他们说："凶手肯定是那个医生，影片开头他多次出现在关键场景里，但从来没有被当成嫌疑人，这太反常了。"

苏加嘉惊讶："你确定？我刚才根本没注意到他。"

林那斯耸了耸肩："细节就在对话和背景中，他每次出现都会有一点线索，比如那个患者的病历，导演特意给了一个特写，但没明说。"

陆径笑着摇头："所以你思考问题时的小动作，连看电影都不放过。"

"我控制不住。"林那斯笑了笑，"敲桌面让我思路更清晰，等节奏稳定下来，通常就是我想通的时候。"

苏加嘉感叹道："这和训练时一模一样。你敲得越快，我们就越知道这道题有多难。等你突然停下，我和陆径就知道你找到突破口了。"苏加嘉继续开玩笑，"所以我们其实比你更了解你，因为在你还没开口前，我们就知道你大概想到了什么。"

林那斯哈哈大笑："那以后我得考虑换个新动作，别这么容易被你们看穿。"

"你不用换，我们喜欢现在这样。"苏加嘉笑着说，"每次看到你敲桌面，就知道大脑风暴开始了，特别有安全感。"

同样的默契，也在苏加嘉身上逐渐形成。

某天的训练中，他们遇到一道关于最大流的优化问题。陆径提出一个解法，转头问苏加嘉："你觉得这个方案行吗？"

苏加嘉沉思片刻，点了点头："可以。"

可林那斯却眯起眼，打量着他："别这么快答应。你是不是又在迁就我们两个的想法？到底有没有别的意见？"

苏加嘉犹豫了一下："其实我觉得这个方案在大部分情况下都行得通，但如果遇到特殊情况，可能会出错。"

陆径一拍大腿："这就对了嘛！早说清楚就好了。"

"我就是怕打断你们的节奏，所以……"苏加嘉有些不好意思地笑了笑。

林那斯摆摆手："以后你有意见就直说，我们又不是玻璃心。不过我们也习惯了，问你一次，你的回答通常是出于'礼貌'，问你第二次，答案才是你的真实想法。就像每次问你想吃点什么，第一次回答总是'随便'，得再问一次才行。"

苏加嘉不好意思地笑了笑："你们还记得上次叫外卖的事呢？"

"当然记得。"陆径笑着插话，"上次你说'随便'，我们问你有啥忌口，你说没有，结果我们点了酸菜肥肠，才发现你压根不吃内脏。"

林那斯哈哈大笑："所以现在我们已经总结经验了。吃饭也好，讨论方案也好，必须多问你一遍，才能得到你的真实想法。"

某个夜晚，三人各自躺在床上，灯光已经熄灭，只有窗外微弱的月光透进来。

"叶老师这传统安排还挺有道理。"林那斯感慨道，"不合宿的话，我们可能还不知道彼此这么多的小习惯。这段时间我们配合得越来越好了。陆径的'简单'不再让我们误解，苏加嘉的真实想法也能及时跟上，甚至连我敲桌子的节奏都成了信号。"

"因为我们懂得去观察彼此的细节。"苏加嘉在黑暗中轻轻笑了笑，"我现在明白了，很多时候，真正的默契不是靠事先约定，而是在长期相处中一点点磨合出来的。"

"确实。"陆径在床上翻了个身并表示肯定，"以前我以为默契只能通过训练磨出来，后来才明白，一起吃饭、讨论、互相吐槽，这些看似无关紧要的小事也很重要。"

窗外月色深沉，风轻轻拂过窗帘，寝室内的气氛温暖而静谧，三人心中的信任与默契，在这份沉静中愈发深厚。他们知道，这种默契，不是靠训练数据生成的，而是靠生活中点点滴滴的细节和相互理解凝聚而成的。正因为如此，他们知道，未来赛场上无论遇到什么样的对手，这份从日常生活中打磨出来的默契，都会成为他们的依靠和底气。

24 这和文科理科没关系

龙舌兰队三人组不断打磨和提升团队默契的同时，夏茵却陷入了犹豫之中。大二开始的创新班课程愈发充满挑战，难度直线上升，夏茵觉得频繁去找林那斯帮忙似乎不太合适，毕竟自己并没有一个理直气壮的理由让林那斯一直这样帮助自己。

最近，她开始更多地去找顾韵。可顾韵也很忙，正一边实习一边兼顾学业。几次之后，夏茵忍不住开口："学姐，不好意思，我总是麻烦你。"

顾韵放下手头的事，抬头笑了笑："没关系的，以前听你说常找林那斯讲题，最近怎么反倒常来找我了？不是我不愿意帮忙啊，只是有些知识点我要花点时间回忆一下，林那斯和你学习的知识点是同步的，他帮你应该效率更高。"

夏茵顿了顿，声音里带着些犹豫："总觉得一直找林那斯好像不太合适。"

"这有什么不合适的？你们一个班的，他水平也确实不错，帮你再正常不过了。"顾韵语气轻松，带着些许鼓励。

夏茵却摇了摇头，语气低沉了几分："主要是现在他们三个人的行程几乎是绑定的，如果每次找林那斯，陆径和苏加嘉也一定会知道。我就怕……会让大家误会。而且，我又不是林那斯的女朋友，好像没有什么理由让人家一直这样帮我。"

顾韵闻言，不禁笑了，语气里带着几分温和的调侃："女生学理工科本就不多，你们班不就只有两个女生吗？还住在不同的寝室。创新班的男生那么多，他们有问题时不也互相请教、讨论？怎么到了女生这里，找人讲题目讨论反倒成了需要'理由'的事了？"

夏茵咬了咬唇，没有立刻回应。

顾韵目光柔和了些，语气也变得更加认真："你知道吗？很多时候，我们女生会不自觉地给自己的行为设限，会因为害怕别人的看法而放弃原本属于自己的机会。可你想想看，创新班的资源、教育，也不能完全说对每个人都平等。班里有那么多男生，导师、学长也多是男性，他们之间讨论题目从来不会被人指指点点。可是，我们女生却总是担心被误解，担心麻烦别人，甚至因此选择退缩。你不觉得这本身就不公平吗？"

夏茵愣了一下，低下头，手指轻轻攥着笔，像是在思考顾韵的话。

"夏茵，"顾韵轻声说道，"教育资源本来就不是绝对公平的，尤其是理工科领域的女生，本来就比男生面临更多的挑战和偏见。不要让这些无形的压力再束缚你。记住，你找林那斯请教题目，是因为他确实可以帮到你，而不是因为你需要讨好或者解释什么。要有勇气去争取对自己有利的东西。"

夏茵抬起头，看着顾韵，眼里闪过一抹复杂的情绪，似乎是受到触动。她轻轻点了点头："学姐，你说得对……是我自己顾虑太多了。"

"别让这些无谓的顾虑困住你。"顾韵拍了拍她的肩膀，语气带着鼓励，"你随时可以来找我讨论问题，我相信林那斯也是。更重要的是，你自己要相信，你有这个能力，也有这个权利去争取一切对你有利的资源。"

夏茵轻轻笑了笑，心里涌起一股暖意。这一刻，她仿佛卸下了一部分心理负担，那种长期笼罩在心头的不安和顾虑，仿佛都随着顾韵的鼓励散去。

是啊，身为一个学理工科的女生，夏茵明白自己需要面对的不仅是课程本身的挑战，还有外界那些无形的偏见和束缚。既然已经选择了这条路，就不该让自己被那些看不见的障碍所阻碍。想到这里，她的心情轻松了许多，甚至有些跃跃欲试。她开始计划着下一步要攻克的知识点，也开始重新整理自己需要和林那斯请教的问题。

林那斯这边一边忙着适应新学期，一边为准备中俄对抗赛忙得焦头烂额——从签证申请到集训计划，再到和队员协调训练时间，每天的时间都被排得满满当当。即便如此，在忙碌的间隙，他的脑海中总会突然冒出一个念头："要不要找个机会和时悦聊聊？"

可当他拿起手机，翻到时悦的对话框时，那些压在心头的困惑就涌了上来。每次他主动找时悦聊天，试图拉近距离，时悦的回复总是客气有余，真诚不足。

她每次都会回复，却总是简短又客气，像是礼貌的应对，少了以前两个人聊天时那种轻松自在的氛围。

"谢谢你啊，最近复习太忙了，回复的晚了。"

"抱歉，我刚才在整理资料，才看到你的消息。"

"嗯嗯，明白，辛苦你了。"

"看起来不错。"

林那斯一遍遍翻着这些对话，心里忍不住犯嘀咕："她是不是对我根本没什么感觉？还是说……我做了什么让她觉得不舒服？"

林那斯每天的日程表都排得很满，可即便白天忙得焦头烂额，晚上回到宿舍时，时悦的身影仍不时在他的脑海里浮现——她专注地记笔记的样子，她听他说话时微微侧头的表情，还有她每次看他时那双带着独特温暖的眼睛。

听说今晚有东海老乡聚会，他抱着试一试的心态前往，想着或许能在这里碰见她，顺便找个机会聊聊天。

聚会的气氛热闹非凡，屋内充满了交谈声和笑声。林那斯一进门，目光在人群中扫了一圈，很快就发现了时悦。她站在角落，脸微微发红，似乎有些局促。面前站着一个男生，正热络地搭讪，语气殷勤："要不加个联系方式吧？以后老乡之间多联系联系。"

时悦垂着头，指尖紧紧攥着杯子，声音轻得几乎听不见："我……不记得自己的 QQ 号码了。"

林那斯听到这话，忍不住轻笑了一声，带着几分无奈和了然。"这倒是很像她的风格，拒绝人都要找个听起来合理的借口。"但看着她局促的模样，心里又忍不住泛起一丝心疼。

男生显然有些尴尬，试图再劝一劝："没事啊，电话号码也可以——"

林那斯不再犹豫，迈步走了过去，站到时悦身旁，自然而然地说道："时悦，原来你在这儿，我找你好久了。"

他的声音不大，却刚好让对方停下了话头。男生的话被林那斯的到来打断，男生的目光在两人之间扫了一圈，笑了笑："那你们聊吧，我先走了。"

等男生走远，时悦才抬头看向林那斯，眼里带着一丝惊讶："你怎么来了？"

"老乡会嘛，当然要来。"林那斯耸耸肩，语气带着点调侃，"不过，好像我来得正是时候。"

时悦微微皱眉，有些不解："什么叫正是时候？"

"挡住那些想要你联系方式的人啊。"林那斯语气理所当然，"你看，我站在你旁边，就没人再来打扰你了。而且，你刚刚那个拒绝的理由，稍微有点不合理啊——QQ 号不记得也就算了，手机号你总不能说自己也不记得吧？"

时悦抿了抿唇，心里闪过一丝感激，但又隐隐觉得不太合适："谢谢你……不过，这样不太好吧。"

"有什么不好的？"林那斯微微挑眉，神色自然。

"容易被人误会。"时悦轻声说道，目光有些闪躲。

林那斯看着她，嘴角勾起一抹笑，语气轻快而笃定："有什么关系呢？你没有男朋友，我也没有女朋友。"

时悦听到这话，微微一怔。林那斯的语气轻描淡写，她的心却像被什么东西轻轻拨动了一下。她的目光闪烁，心里有个念头倏地冒出来：他没有女朋友？可……夏茵呢？

她盯着林那斯，眨了眨眼，仿佛不敢相信自己听到的："你真的没有女朋友？"

"当然没有。"林那斯回答得干脆，"你这话说得怎么好像认定我有女朋友了？"

时悦犹豫了一下，最终还是低声说道："我以为你和夏茵在一起了，之前在图书馆老看到你们一起……我想，你们可能……"她的声音越说越低，没有再继续。

　　林那斯愣了一下，随即忍不住笑出声："我和夏茵？原来你一直是这么想的啊。"他摇了摇头，语气认真了几分，"时悦，我和夏茵只是普通朋友。那段时间她期末项目卡住了，我帮她讲了几次题，仅此而已。"

　　时悦抬头看着他，眼里带着几分犹疑："可是……你不是说你喜欢理工科的女生吗？"

　　林那斯轻轻摇了摇头，笑了一声，语气里透着几分坦然："那是我以前以为的嘛。我曾经觉得找个经历相似的人会更容易相处，但后来发现，这些都没那么重要。喜欢什么样的人，跟文科理科没关系。再说了，你问我喜欢什么样的女生，我只是认认真真回答，咋就成了我有女朋友了？"

　　时悦看着站在对面的林那斯，他的语气笃定，眼神真诚而坦然。她忽然觉得自己这些日子的猜测和克制，似乎有些可笑。

　　一时间，心头的那片乌云仿佛被轻轻拨开一角，阳光透了进来。她冲着林那斯露出轻松的笑容，眼睛弯成两道月牙，像清晨洒满阳光的湖面，澄澈而明亮："那是我误会了……对不起。"

　　林那斯看着她的笑容，一瞬间竟有些晃神。他原本还有些不确定的心思，在这一刻彻底明了。

　　他突然明白了为什么时悦对自己的态度发生变化，明白了为什么她总是礼貌而疏离地回复自己的消息，明白了她那些若有似无的沉默、刻意的回避，还有大巴车上的冷淡。原来，她一直误会了自己和夏茵的关系，而这份误会让她选择了退后一步，选择了克制自己的情绪。

　　想到这里，他的心里涌起一股莫名的轻松与满足，像是心底某个模糊的疑问终于找到答案。他笑着揉了揉后脑勺，语气里带着点揶揄的无奈："没事，不过以后别再对我的消息回复得那么客气了，我还以为你真的想和我保持距离呢。"

　　时悦的笑容微微一滞，眼神里闪过一丝不好意思，她低头摆弄着手里的杯子，声音轻轻的："我……没有啊，我只是……"

　　林那斯挑了挑眉，语气带着点促狭的温柔："只是什么？"

　　时悦抬头看了他一眼，目光有些闪躲，脸上浮现出一抹淡淡的红晕，最终轻声说道："没什么，反正现在误会解开了。"

　　林那斯看着她，心里的愉悦更深了一分，嘴角的弧度也不自觉地上扬："那就好，还是以前那个时悦比较好。"

　　空气中流动着一丝温暖，仿佛所有的别扭和刻意都被一场阳光融化了。

　　他沉吟了一下，突然伸出手，掌心朝上，眼里带着几分认真和笑意："那握个手，重新做回朋友？"

　　时悦轻轻一笑，伸出手，指尖碰了碰他的手掌，掌心的温度短暂交汇，像是一场久违的和解，更像是某种未曾言明的默契。

　　"好，重新做朋友。"她轻声说道，眼里透着一种前所未有的轻松。

　　那一刻，周围的喧嚣仿佛都变得遥远，世界像是静止了一瞬。两人笑着对视，似乎回到最初相识的时刻，但又隐约有了些不一样的感觉。只是，这些都不急于说破。

25 中俄对抗赛

"中俄对抗赛，我一直觉得队伍的表现可圈可点，运气也站在我们这边，题目大多数都是我擅长的动态规划类题目，所以我亲自上机解决了好几道关键题，可以说整场比赛打得酣畅淋漓，有一种掌控比赛的成就感。但赛后，叶老师和顾韵教练找我谈了谈，让我意识到一些问题——队长上题并非不可，但主要依靠队长上题是一个很危险的信号，特别是当队长卡题的时候，很有可能丧失对整个队伍的控制以及对全局的把握。我回忆了一下，在对抗赛中俄罗斯大学的队长确实几乎全程没有亲自上机。看来，我还需要一些时间去思考和摸索如何扮演好队长这个角色。"

——林那斯中俄对抗赛小结

林那斯和时悦解开误会后，着实松了一口气。压在心头多日的乌云终于散去，连空气都似乎变得轻松了许多。可还没来得及好好品味这份释然，他便又一头扎进中俄对抗赛的准备之中。

经过十几个小时的长途飞行，飞机在清晨的阳光中如一只疲倦的巨鸟，缓缓降落在圣彼得堡普尔科沃国际机场。轮胎与跑道接触的那一刻，机舱内传来轻微震动，随即响起一阵掌声，庆祝飞机顺利着陆。

林那斯揉了揉有些发酸的脖子，伸了个懒腰，侧头望向窗外。晨光透过薄雾洒在大地上，整座城市被一层淡金色的光辉笼罩，远处的建筑在晨雾中若隐若现，透着几分异国的神秘。

"终于到了。"陆径打着哈欠，扶了扶耳机，声音里还带着几分困意，"我感觉自己都快睡成雕塑了。"

"你不是一路在看动漫吗？"林那斯调侃道。

"是啊，看得脖子都僵了。"陆径伸了伸胳膊，活动了一下肩膀，视线飘向窗外，嘴角微动，有些喃喃自语："到圣彼得堡了，不知道有没有机会见到Sightseer本人。"

苏加嘉正在关掉手机的飞行模式，查看收到的一堆信息，听到这个名字便抬起头问："Sightseer？那个年纪轻轻就在 Topcoder 个人实力排行榜[1]上稳居第一的天才？我听说他从小学起就代表白俄罗斯国家队参加国际高中生信息学奥林匹克竞赛（IOI），初中已是稳定的金牌选手，高中更是连续两届满分摘金。"

"没错，我看过他提交的代码，真的像神人一样。"林那斯也加入了讨论，语气里带着毫不掩饰的钦佩。

"可惜这次应该没机会见到他吧。"陆径微微有些失落，"他还在上高中，而我们这次的中俄对抗赛是大学之间的。"

"不要遗憾"，林那斯看出了陆径的失落，"这次的对手里，说不定也有和他实力相当的人。俄罗斯的大学队伍，尤其是俄罗斯大学，这所常年称霸世界赛场的学校，可不缺顶尖高手。"

陆径一边调整耳机一边点头："也是，见不到 Sightseer，至少可以和俄罗斯大学那些'冠军制造机'过过招。"

中俄对抗赛还有一个更响亮的名字——"巨人之战"（Battle of Giants）。

虽然不像世界总决赛那样设在大型体育馆，也没有现场飘满彩色气球的仪式感，但当中国与俄罗斯的顶尖队伍同处一个机房，紧张而凝重的氛围足以让人屏息。比赛桌一字排开，中国的五支队伍在一侧，俄罗斯的五支队伍在另一侧，所有人都神情专注，整个机房仿佛化作沉默的战场。电脑屏幕闪着微光，键盘敲击声和鼠标点击声交织成无形的战歌。

林那斯坐在龙舌兰队的中间位置，余光扫了一眼对面俄罗斯大学队的成员——他们姿势端正、表情冷静，看似平和，但指尖飞快地敲击着键盘，从容之中带着压迫感。

比赛一开始，陆径和苏加嘉轮流攻克签到题，过程平稳顺利，各个学校的队伍也都纷纷通过了基础题。大约 40 分钟后，林那斯快速浏览了所有题目，并

1）Topcoder、Codeforces、AtCoder 等平台都有等级分机制，对全球参赛者的实力进行精确衡量与排名。这些排名系统被广泛视为评估选手算法能力的重要标准。

为大部分题目拟定了初步算法。让他意外的是，这次比赛的 10 道题中竟有 5 道是动态规划——这正是他的强项。

他迅速在草稿纸上写下每道题的状态转移方程、边界条件和优化思路，然后交给陆径和苏加嘉，由他们分配上机顺序，一人上机，一人准备消化解法。而他自己则负责为准备上机的人讲解题意，提醒可能遇到的细节陷阱。

一开始，这样的安排进行得很顺利。签到题和基础题的讲解只需两三分钟，队友也能迅速理解并上机实现。然而，随着难度提升，涉及复杂状态转移的中等难度题出现，讲解的时间开始被拖长。

动态规划类的题目如果思路清晰，上机写代码其实并不复杂，但林那斯的心里还是有些焦急。看着时间一分一秒过去，他忍不住在心里盘算：如果我自己直接上机，是不是会更快？

苏加嘉注意到他的犹豫，抬头问道："要不我自己读一下题，你别急。"

林那斯愣了一下，思索片刻后点点头："不如这样吧，我上去写一题试试，看看能不能节省点时间。"

苏加嘉没再多说："好，那你写，我看着你的草稿纸复盘，帮你检查细节。"

上机后的林那斯手速飞快，代码流畅地输入，仿佛所有思路都已提前整理好。很快，他完成了一道中等难度的动态规划题，编译，提交，Accepted！

可他并未停下，而是迅速翻开下一题，眼神里闪过一丝兴奋："这一题我也能写，继续！"

陆径和苏加嘉相互对视了一眼，见他状态正佳，也没出声打断。

"既然他手感正好，那就让他多做几道。"陆径低声说道。

就这样，林那斯势如破竹，连续攻破三道动态规划题，三人也越发信心高涨，仿佛胜利近在咫尺。但那时候的他们还没有意识到，这种由队长独自承担大部分任务的方式，正悄悄埋下潜在的隐患。

很快，龙舌兰队只剩下最后一道题未攻克。这是一道复杂的计数问题，题面冗长，表面上看似推导公式的题目，仔细分析后却发现难度瞬间拉满，远超前面的所有题目。

林那斯盯着题目，眉头微蹙，指尖在键盘上顿了顿。他已经连续解了数题，脑力和体力都已接近极限，思维渐渐有些滞涩。

他深吸一口气，果断做出决定："苏加嘉，你来试试推导公式。陆径，你再细读题面，看看能不能换个思路突破。"

苏加嘉立即伏在草稿纸上，飞速计算各种组合与递推关系。陆径则皱着眉，反复分析题目数据的增长模式，忽然眼前一亮："容斥原理，结合动态规划！"

"这个思路可行！"苏加嘉的眼睛瞬间亮了，他迅速在纸上演算了一部分，验证思路的可行性。

陆径站起身拍了拍林那斯的肩膀："你先歇会，我来上机。"

林那斯毫不犹豫地起身，让出位置，轻声道："那就交给你了。"

陆径坐上机位，手指迅速在键盘上敲击，他的思路清晰，代码行云流水。屏幕上的代码逐步成形，每一步都精准无误、稳扎稳打，团队的最后一道防线正在稳固地推进。

几分钟后，他深吸一口气，敲下回车键，提交。

片刻静默——"Accepted"！绿色的提示跳出屏幕，象征着最终的胜利。

"搞定了！"陆径从椅子上站起，朝林那斯比了个胜利的手势。林那斯笑着点头："好样的。"

屏幕上的排行榜定格——龙舌兰队以全题通过、零错误提交、罚时最低的绝对优势，力压俄罗斯大学队，成功拿下中俄对抗赛的冠军！

三人兴奋地相互击掌，脸上洋溢着胜利的喜悦。然而，在赛场外默默观察整场比赛的叶老师，却始终没有露出太多笑容。

"比赛至今一切顺利得出奇，状态这么早就达到巅峰，接下来的世界总决赛也会这么顺利吗？"叶老师轻轻叹了口气。

赛后，三人照例围坐在一起复盘比赛，脸上难掩兴奋之色。

"最后那道容斥原理结合动态规划的题真是绝了，幸亏陆径上机及时。"林那斯笑道，"否则可能还得多罚几分钟。"

"关键是咱们全程都压着俄罗斯大学，这感觉也太爽了吧。"苏加嘉忍不住感慨，眼里满是激动，"之前还以为他们是不可撼动的存在，没想到我们真的赢了！"

正当三人沉浸在胜利的喜悦中时，叶老师走了过来，神色如常，却带着几分深思。

"不要太骄傲。"他语气平静，但眼神里透着一丝警告，"俄罗斯大学队今天的表现并不是他们的真实水平，只是他们状态不好而已。世界总决赛的对手肯定会更强，更难应对。你们千万不能掉以轻心。"

三人虽然点了点头，但此刻他们仍沉浸在刚刚的胜利里，并没有完全理解叶老师的担忧，他们正对即将到来的世界总决赛跃跃欲试。

"难以想象我们这次赢过了俄罗斯大学，那我们在世界总决赛是不是也有机会赢过他们？"

"真希望世界总决赛我们能赢，为中国捧回第一个世界冠军。"

"总决赛，我们也能干一票大的。"

叶老师静静地看着他们，年轻的脸上洋溢着斗志与自信，甚至带着些许初生牛犊不怕虎的锐气。

他原本想再说些什么，但终究没有再开口。他知道，过多的提醒，或许会削弱他们的信心。而真正的成长，要靠赛场上的洗礼。

他微微叹了口气，眼神深邃，夹杂着期待与隐隐的担忧。

"希望你们这份昂扬的斗志，能保持到世界总决赛，并且经得起更大的挑战。"

26 栀子花

中俄对抗赛结束，林那斯的生活又恢复了往常的节奏，上课、训练，还有时不时地帮助夏茵讲题。

图书馆二楼静得能听见笔尖划过纸面的声音，阳光从落地窗洒进来，把书桌照得明亮又柔和。夏茵坐在桌旁，目光落在林那斯低头讲题的身影上，却有些心不在焉。她的手轻轻捏着笔，心里像有一团乱麻，怎么也理不清。

"这个地方，你看，这样分解子问题是不是更清晰？"林那斯的声音带着一如既往的专注，他一边讲解一边在笔记本上写下公式，字迹工整清晰，透着一种让人安心的笃定。

夏茵没有回应，只是静静看着他。阳光落在他的侧脸，描出棱角分明的轮廓。她想，这样一个优秀又温暖的人，自己喜欢他，大概也没有什么奇怪的吧？

"夏茵？"林那斯察觉到她的沉默，停下笔抬起头，"怎么了？没听懂吗？"

夏茵回过神，轻轻摇了摇头，声音低低的："不是没听懂，只是觉得……你好厉害。"

林那斯笑了笑，把笔放下，语气带着点轻松："这有什么厉害的，多练几次你也行。你其实挺聪明的，数学基础也很好，就是有时候不够自信。"

夏茵听到林那斯对自己的肯定，心底某个迟疑的声音瞬间被驱散了几分。她低头看着笔记本上的字迹，手指在笔杆上摩挲了一下，像是在积蓄勇气。过了一会儿，她深吸一口气，把所有踌躇都压下去，抬起头看向对面的人。

"林那斯，"她的声音很轻，却清晰，"我有话想对你说。"

林那斯的笔在空中顿了顿，抬起头看她，目光里带着几分不解："什么事？"

夏茵的目光与他短暂交会，随即又移开。她攥着手中的笔，像是抓住了某种精神上的支撑，语气带着一点紧绷："其实……我觉得我有点喜欢你。"

夏茵话音落下，空气仿佛瞬间凝固。林那斯一怔，目光定格在夏茵的脸上，显然没想到会听到这样的话。他愣了几秒，心里泛起复杂的情绪：有点高兴，毕竟被人喜欢是一种肯定；但更多的是慌乱和不知所措，因为他清楚地知道，自己并不喜欢夏茵。他还没有想好如何回应最合适，有些尴尬，只能沉默。

几秒钟的沉默被无限拉长，夏茵心跳加速，手里捏着的笔止不住发颤。周围的空气似乎都变得稀薄，每一口呼吸都带着些许的紧张与不安。

终于，林那斯深吸了一口气，像是下定了决心一般。他放下手中的笔，目光坦诚同时带着一丝小心翼翼："夏茵，谢谢你的喜欢。"他的声音很低，却透着一股难以忽视的认真，"听到你这样说，我心里很感激。"

他停顿了一下，像是在斟酌措辞，随后继续说道："只是……我没有想过我们之间会超出同学和朋友这个范围。"

林那斯说完后，气氛又一次陷入沉默。他的语气很轻，像是害怕打破这段关系脆弱的平衡，但语调里的坚决却不容忽视。

夏茵深吸了一口气，缓缓抬起头，眼睛里有些泛红。她努力扬起嘴角，试图用笑容掩盖内心的失落："对不起……是不是让你觉得很尴尬？"

"不会的。"林那斯连忙摇头，声音中带着安抚的意味，"你愿意坦诚地告诉我，这对我来说是很难得的事情。喜欢一个人需要很大的勇气，而你愿意告诉我你的感受，我很感谢。只是……我怕我没办法以同样的方式回应你。"

夏茵低下头，沉默了片刻，轻声说道："谢谢你告诉我这些……也谢谢你，没有让我太难堪。"

林那斯的目光柔和而复杂，他想说点什么，却又怕说得太多会让眼前的女孩更加难堪。他只能轻声说道："我们还是朋友。如果以后在学习上，或者其他方面需要我帮忙，你随时都可以找我。"

夏茵轻轻点了点头，嘴角扯出一抹不太自然的笑容："当然，你的讲题水平我可是很信赖的。"

告白和回应之后，两人之间虽然少了刚刚的紧张，却多了一种淡淡的疏离感。林那斯看着夏茵低头整理桌上的书本，心情有些复杂。他明白，有些事情说出口，关系就不可能完全回到从前的模样，但他也知道，坦诚是处理感情问题最好的方式。

阳光依旧透过窗子洒在桌面上，书本的边缘泛着微光。夏茵收拾好书，站起身来，低声说道："那我先去食堂吃晚饭了，谢谢你帮我讲题。"

林那斯点了点头，看着她的背影渐渐远去。他低头看了一眼笔记本上未完成的解题步骤，长长地吐了一口气，心里有种说不清的复杂感。

有些感情注定只是路过，但那份坦诚与真心，仍然值得珍惜。

除了夏茵的真心，值得珍惜的还有陆径的心思。顾韵申请到一个不错的海外实习项目，下学期就要出国远行。这本是值得高兴的事情，但在得知这个消息的那天，陆径在机房里坐了很久，手指无意识地转着一支笔，心绪复杂。

他没有说太多，但林那斯和苏加嘉还是察觉到了他的情绪。

"顾韵教练生日快要到了？你有没有打算送她点什么？"林那斯直接问。

"栀子花吧……她好像挺喜欢的。就是好像没怎么在花店里看到栀子花。"陆径顿了顿，"我让我姐问问时悦，知不知道哪里有卖栀子花的。"

"行呀，到时候我们陪你一起去。"苏加嘉提议。

"时悦说，栀子花作为鲜切花养护起来比较困难，所以花店里一般没有。但她在学校附近的苗圃见过。"陆径低头看着手机，转述着陆宁的消息。

"哦，那是要买一盆带土的？"林那斯思索道。

苏加嘉点点头："带土的也不错，至少不会很快枯萎，比鲜切花开得更长久。"

第二天下午，五个人一起来到了苗圃。

大片绿植在眼前铺展，空气里弥漫着湿润的泥土香气和淡淡的植物清香。栀子花区并不显眼，但走近时，一股独特的幽香扑面而来，沁人心脾。

"这里有栀子花，带花苞的很快就能开花。"时悦招呼三人过来。

陆径低头看着这些栀子花，微风拂过，绿叶轻轻颤动，仿佛在回应他沉甸甸的心情。陆径附身，伸手轻轻碰了碰其中一朵已经微微绽开的花，花瓣柔软洁白，像极了顾韵在解题时低头沉思的样子。

他停在那排栀子花前，细细挑选着最合适的一盆。

"他们三个怎么想到买栀子花给顾教练？栀子花的花语可不一般，象征着纯洁的爱情、默默的守护和深沉的思念。"时悦跟陆宁嘀咕着。

陆宁静静地看着阳光下站在栀子花前认真挑选的陆径，她轻轻叹了口气，对于一切了然于心："这应该是陆径的主意，也好，栀子花的寓意刚好符合他的心思。"

顾韵生日当天，陆径拎着那盆精心挑选的栀子花，站在她办公室门口。

犹豫了一瞬，但他很快调整好情绪，敲了敲门。

"生日快乐。"陆径声音平静，把花轻轻放在她的办公桌上。

顾韵微微一愣，随即笑了起来，伸手抚了抚栀子花的叶片："栀子花？你怎么知道我喜欢这个？"

"你之前提到过。"陆径顿了顿，掩饰性地补充道，"这不是我一个人买的，是我们三个一起选的。"

顾韵低头轻嗅了一下，唇角扬起一抹温柔的笑意："栀子花的花期不长，但开得很香。"

陆径下意识地点点头："嗯，我知道。小时候，爷爷奶奶家院子里有一棵，每年夏天开花的时候，整个院子都是这种香味。"

顾韵的手指轻轻拂过翠绿的叶片，笑眯眯地抬起头看向陆径："谢谢你们，我会好好养它的。"

或许，有些话不必说出口。就像时悦说的那样，在很多场合，人们赠送栀子花意味着珍惜彼此的回忆，相信无论未来如何，心意不变。

那么，懂的人，自然会懂。

第四篇
折戟总决赛：近在咫尺的遗憾

27 集 训

> "训练，训练，再训练。最近的训练强度已经达到魔鬼级别，但我并不觉得苦。每次解出题目时的成就感，每次发现自己速度提升时的惊喜，都足以让我忽略那些深夜的疲惫和通宵后的酸痛。因为我知道，这不是机械重复，而是我们一步步和世界总决赛更近了一些。"
>
> ——苏加嘉训练小结

距离世界总决赛还剩一个月，龙舌兰队三人正式进入高强度的冲刺训练期。

"从今天开始，我们要没日没夜地卷起来了！"林那斯一边调出今天的训练计划，一边半开玩笑地说道，"顾教练给咱们每周安排了三到四次的组队训练。"

"别忘了你还给我们安排了每周两次的个人赛训练。"苏加嘉抬起头，叹了口气，"我们的日程表已经满到看不到空隙了。"

林那斯耸耸肩："没办法，谁让总决赛已经迫在眉睫了呢。"

机房里，灯光明亮，桌上铺满了草稿纸和历年总决赛的真题。键盘的敲击声此起彼伏。

"感觉早年的总决赛题目还是比现在的要简单不少。"林那斯盯着屏幕，突然抬头看向陆径和苏加嘉，"还是说因为我们见的多了啊？"

"我觉得可能是因为我们在其他题库里做了太多类似的题目。早年总决赛的题目放到当年也是不简单的。"陆径边调试代码边接话。

"是的，我看这几年总决赛的题目明显更复杂了，题型也更加新颖。"苏加嘉边说边翻开手边的一套最近几年的总决赛题。

"嗯，所以叶老师说的对，早年的总决赛真题适合热身，让我们先从早年的真题开始练习，我们既要复习经典题型，又要适应最新的题型和难度。"林那斯摸了摸下巴，"循序渐进，叶老师和顾教练安排得很合理。"

机房里，龙舌兰三人组要求顾韵提供一些更难的题目进行训练，顾韵忍不住问："你们是不是有点过于执着于难题的训练了？基础题型、团队的配合也很重要，忽视不得。"

"顾教练，基础题型在总决赛的时候拉不开差距啊。"林那斯放下笔，略带无奈地说，"大家都会的题目，我们做得再快，优势也有限。"

"基础题型我们三个已经做得很熟练了。"陆径补充道，"尤其是签到题，几乎不会出错。而总决赛真正决定胜负的，是中后期那些高难度的题目。"

苏加嘉点点头表示赞同："所以我们认为目前训练的关键在于难题。"

顾韵眉头微蹙。总觉得哪里有点不对劲，又说不上来具体是什么问题。但是她又不得不承认，基础题对他们来说确实是探囊取物。但是上哪儿去找那么多难题呢？顾韵琢磨出了"拼题训练法"。

"我把今年国内各分区赛的难题挑出来拼成一套题，供你们训练。"顾韵站在机房白板前布置新任务。"但是，这种拼题训练没有规律可循，可能和总决赛的形式完全不一样。"

"那没事，我们都觉得做难题的感觉很上瘾。来吧。"林那斯站起身，拍了拍双手，招呼队友开始训练。

为了更好地备战和深入了解对手的水平，除了组队训练和个人训练，林那斯、陆径、苏加嘉还一场不落地参加 Topcoder 的线上比赛，无论题目难度如何、比赛时间再尴尬也绝不放弃。这些比赛有时在上午或傍晚，但大多数在深夜进行，这让三人不得不在机房长期通宵作战，开启挑战极限的生活模式。

"陆径，快点，比赛快开始了！"林那斯戴上耳机，飞速登录比赛界面。

"你别催我，咖啡刚灌完，手速还没跟上。"陆径抱怨着，手指却在键盘上飞快敲击。

"睡觉的事先别想了。"苏加嘉调整了一下椅子，盯着屏幕，"现在谁能扛住困意，谁就赢。"

机房的灯光依旧明亮，深夜的空气中透着丝丝凉意。机房没有床，很多时候三人只能趴在桌子上、蜷缩在窗台上，或者干脆直接趴在地上打盹。然而，深夜的地板和窗台总是冷飕飕的，即便空调开到最大，寒意依旧渗透进背脊。

"这样下去迟早感冒。"林那斯打了个喷嚏，揉了揉鼻子，"我们需要战术升级。"三人一合计，索性去买了秋冬款睡袋，直接把机房变成临时宿舍。

不过，他们都清楚，这种行为严重违反机房的规定——机房不仅不允许通宵，更不允许留宿。每当夜深人静，看门的老大爷上来巡查锁门时，三人练就了迅速关灯、关电脑、静音，装作机房里空无一人的本领。

"快！大爷上来了！"林那斯小声提醒，三人瞬间熄灯、屏住呼吸，连睡袋都塞到了桌子底下。等到楼道里恢复安静，他们才敢重新开灯，继续训练。

"总有一天会被抓个正着。"苏加嘉忍不住捂脸，低声吐槽，"大爷肯定以为机房闹鬼。"

一天清晨，三人刚结束通宵训练，从机房走出来就撞上晨练的老大爷。双方目光交会，空气瞬间凝固。老大爷眯着眼，上下打量着他们，眼神里满是疑惑。

林那斯眼珠一转，秒懂此刻的处境，他毫不犹豫地挺直腰板，装出一副正气凛然的模样，语气十分自然："昨天东西落楼上了，今早一开门我们就上去拿了！"

话音刚落，他转身就跑，步伐干脆利落。陆径和苏加嘉先是一愣，随即反应过来，二话不说紧跟其后狂奔。

"你跑这么快干嘛？！"苏加嘉一边狂奔，一边气喘吁吁地笑问。

"趁他还没反应过来啊！"林那斯边跑边乐，声音里透着掩饰不住的兴奋。

三人一路冲出教学楼，脚步踏在晨光映照的地砖上，带起微微的风。背后，老大爷杵在原地，摸了摸头，望着他们的背影，满脸疑惑地喃喃自语："奇怪……昨天机房到底有没有锁门？"

这样高强度的训练，时间显得尤为紧张。龙舌兰队的训练从早上八点半持续到下午一点半，午饭时间也不得不推迟。为了让三人专心训练，陆宁主动承担了给他们送午餐的任务。而当陆宁没空时，她便会拜托好友时悦帮忙。

时悦第一次帮忙送餐，就遇到了挑战。

"山东煎饼，不要香菜，不要葱，不要辣，要榨菜，双蛋，肉松，里脊肉。"林那斯在电话那头特别认真地交代着，语气里透着他对食物的执着。

时悦耐心地一一记下："好好好，记住了。"赶到煎饼摊前，她向摊主反复叮嘱："一定不要放香菜，千万别放！"

摊主点头答应，手上动作却因为赶单过快，习惯性地撒上了一把香菜。等他反应过来已经迟了，顿时一脸抱歉："哎呀，这样吧，我给你抖掉点？"

时悦低头看着煎饼，明显有些犹豫。她清楚，林那斯的"不要香菜"不像是随口一说，更像是不能妥协的底线。她摇摇头，果断地说道："这个给我吧，再重新做一个没有香菜的。"

摊主一边摊新的煎饼，一边笑着调侃："小姑娘，这么上心，该不会是给男朋友带的吧？"

时悦一愣，脸颊瞬间染上浅浅的红晕，她下意识地摆手，语气有些急促："不是的！是帮同学带的，还有两个别的口味呢。"

摊主笑了笑，手上摊煎饼的动作不停，嘴角挂着意味深长的笑意，似乎不太相信她的解释。

不久，时悦带着三份打包好的午餐回到机房。林那斯接过煎饼，拆开纸盒一看，食材搭配井然有序，一片香菜都没有，忍不住露出满意的笑容："完美。"

"你还真挑剔。"陆径一边啃着自己的午餐，一边调侃。

从那以后，林那斯渐渐发现了一个有趣的规律，只要是时悦送来的餐，不管是小馄饨、炒面还是其他食物，都是没有香菜、没有葱、不辣的，一切都恰到好处，像是专门为他定制的。

而如果是陆宁送来的，事情就不那么顺利了。林那斯总要花上几分钟时间，把香菜和葱一点点挑出来，但偶尔还是能尝到几口"漏网之鱼"。

林那斯每次拿着时悦送来的盒饭，都觉得心里有种说不出的暖意。他和队友之间是在一次次比赛和训练中建立起来的战友情，是并肩作战的默契与信任。但他和时悦的默契，却是另一种感觉，像一场毫无征兆的春雨，悄无声息地浸润着心里的每个角落。不是那种轰轰烈烈的心动，更像是一股温柔的暖流，在不知不觉间流淌。

无论是煎饼里没有香菜、炒面里适度的调料，还是偶尔帮他带来他喜欢的奶茶，时悦似乎总能准确契合他的习惯和心情。这种贴心，带着一点不经意的自然，又带着一点让人难以忽视的用心。

在这段忙碌又充满收获的日子里，他们不仅学会了更高效地解题，更学会了在深夜的困倦中彼此鼓励，在压力下寻找乐趣。机房里的通宵战斗、时悦带来的温暖午餐、偶尔因小失误引发的调侃和笑声，这些细节都悄然变成了他们备战总决赛不可替代的记忆。

"有时候想想，这段时间真挺难忘的。"一次深夜训练后，苏加嘉靠在椅子上揉着眼睛感慨，"等我老了，应该也忘不了咱们在机房里拼命训练的日子。"

"而且会记得被老大爷追着关灯的惊险场面。"陆径哈哈大笑，"我们真是把机房当成了第二个家。"

"谁的青春不疯狂？"林那斯也跟着大笑，"反正这段时间是我最热血的日子。"

虽然前路未知，但他们知道，只要团结一心，未来没有什么可以阻挡他们的步伐。

这一刻，并肩而立的三个少年心中有一种共同的信念：

这不仅仅是为了赢得比赛，更是为了共同书写一段，属于他们的无畏而闪光的青春故事。

28 我想要一个确定性

世界总决赛如期而至，林那斯、陆径和苏加嘉即将启程，前往美国夏威夷，迎接他们的第一次世界总决赛。

比赛地点遥远，旅途漫长，他们必须克服时差和长途飞行的疲惫。按照集训队的惯例，他们将在比赛开始前一周出发，提前适应环境，调整状态，为即将到来的巅峰对决做最充分的准备。

机房内灯光明亮如昼，三人坐在熟悉的位置上，键盘的敲击声此起彼伏。每个人的脸上都写满专注，仿佛这一晚的努力，可以为他们的世界总决赛再添上一层保障。

"还有没有什么类型的题目没模拟过？"苏加嘉打破沉默，语气中透着一丝焦虑。

"差不多都覆盖了。"陆径揉了揉太阳穴，嘴角带着些许倦意却坚定地说，"要不要再来一道组合数学题巩固一下？"

"太拼了吧，"林那斯轻笑，"留点状态给总决赛吧。"

就在这时，门外传来轻轻的敲门声。叶老师站在门口，目光温和："时间不早了，你们赶紧收拾收拾吧。别忘了，最重要的是放松心态，明天要以最好的状态出发。"

三人彼此对视了一眼，终于停下手中的工作。林那斯关掉电脑，陆径和苏加嘉收拾好桌上的资料，他们缓缓站起身，准备离开这个熟悉的房间。

刚走出几步，三人又忍不住回头看了一眼机房。这里，承载了他们大一学年无数个日夜的努力。那些从清晨敲到深夜的代码、那些为一个算法争论不休的时刻、那些解出难题后兴奋击掌的瞬间，仿佛都被定格在这间屋子里。

苏加嘉叹了口气："不知道下次回到这里，会以怎样的心情和姿态呢？"

林那斯目光灼灼，缓缓开口："希望下次回来时，能捧着冠军奖杯！"

陆径拍了拍林那斯的肩膀，笑得爽朗："说得对！这也是我希望的，我们肯定能做到！"

叶老师站在不远处，看着三人渐行渐远的背影，眼神复杂而沉静，像是怀揣着某种厚重的期待。他深吸一口气，低声自语："他们三人，可能是中国历史上最有希望夺冠的人选了，希望他们真的可以改写历史。"

三人回到宿舍，开始整理出发前的行李。林那斯把衣物、比赛资料一件件放进行李箱，动作看似有条不紊，但心里却总觉得有些不安，像是还有什么事没做完，思绪乱得怎么也静不下来。

手机震了一下，他低头一看，是时悦发来的 QQ 消息："明天就要出发了，有没有很紧张？"

林那斯盯着屏幕愣了一瞬，嘴角不自觉地扬起一抹笑意。修长的手指在键盘上飞快地敲出回复："要说一点都不紧张，那肯定是假的。要不一起去散散步？"

消息发过去没多久，时悦的回复就弹出来了："好呀，我正好也想活动一下。"

林那斯合上行李箱，起身抓起外套，心里那股莫名的浮躁总算稍稍平复。

两人并肩走在校园的小路上，月光透过树叶投下斑驳的光影。夜风轻拂，带着初夏夜晚特有的清爽，远处偶尔有钟声悠然响起。

"谢谢你愿意陪我散步。"林那斯轻笑着打破了沉默。

"谁陪你了？我正好也需要放松一下。"时悦抬头看着他，语气轻快。"你现在是什么心情？"

林那斯沉默了一瞬，抬头望着夜空，月光映在他的眼眸里，映出一抹沉静的光。"总觉得有种志在必得的责任感，为了叶老师，为了顾韵，为了那些一直关心和支持我们的人"

时悦点点头，轻声问道："那会有压力吗？"

"当然会有。"

林那斯勾了勾嘴角，语气淡然，仿佛早已习惯这种压力的存在。

"叶老师虽然没有明说，但我知道他对我们夺冠的期待有多高。这次世界总决赛，我感觉不只是为自己，也不只是为龙舌兰队，更是为国内的信息学竞赛圈。如果我们能夺冠，就能改写欧美垄断世界总决赛金牌的历史。"

时悦微微皱了皱眉，语气里多了一丝担忧："可是……会不会有点沉重？"

林那斯转头看着她，夜色在他的眼眸里微微荡漾，映着星光与笑意。"确实有点。"他坦然承认，语气依旧平稳。"但这种大赛之前，有压力并不一定是坏事。"

他停下脚步，微风拂过发梢，他微微一笑："当然，也需要偶尔让自己放松一下，比如现在这样，散散步，就挺好的。"

"你倒是想得通透。"

时悦转过身，看着林那斯站在月光下，神色间似乎有些踌躇和犹豫。她心头微紧，以为他是在为即将到来的世界总决赛焦虑，轻声问道："你怎么了？"

林那斯挠了挠头："这次出发前，我心里确实还有一件事一直放不下。"

"什么事？我能帮你吗？"时悦微微侧过头，语气里透着关切。

林那斯听到她的话，忍不住轻笑，眼底漾起一抹温柔："你能帮的忙可大了。"

时悦愣了愣，眉头微蹙，带着些疑惑："那你说说看，到底是什么事？"

林那斯沉默了一瞬，似乎在组织语言，接着他缓缓开口："你有没有想过，为什么明天就要出发去世界总决赛了，我今晚还会想和你一起散步？"

时悦一怔，脸颊微微泛红，目光躲闪了一下，却又带着一种看破真相的感觉。

林那斯静静地看着时悦，目光坦然而真挚，仿佛透过夜色，也能让她清楚地看见他的心意。

"我发现，自己特别喜欢和你待在一起。我们在一起的时候，说话聊天也好，不说话也行，都让我觉得很安心。时悦，我以前总以为喜欢一个人是件很复杂的事，可能需要合适的性格、相似的兴趣和背景，或者很多条件都对得上才行，这也是为什么最初我觉得理工科的女生可能会更适合我。可是后来我发现，喜欢其实很简单。"

林那斯深吸一口气，抬起头，直视着时悦的眼睛："因为无论你和我是相似的，还是完全不同的，无论你做什么、想什么，我都觉得特别好。和你在一起的时候，那些所谓的条件都不存在。我只知道，我真的很喜欢你。"

林那斯停了片刻，他垂眸轻笑一声："明天要出发了，今天收拾行李时，脑子里一直在想你。我想在出发前再见到你，再和你待一会儿，就这么简单。"

时悦认真地听完林那斯的话，月色映照在她的眼里，像是一汪盈盈的湖水，波光微微荡漾。时悦仿佛对林那斯今天说的一番话并不吃惊，她轻轻抬头，嘴角扬起一抹少见的俏皮，微微眯起眼睛道："你明天就要出发比赛了，今天晚上突然说这些。那我要是拒绝了，岂不是成了影响你比赛的千古罪人？"

林那斯原本还有些紧张，听到这话不由得被逗笑了，轻轻摇头解释道："我可不是想趁人之危。对我来说，不确定的事情才最容易让人胡思乱想。如果有确定的答案，不管是什么，都能让我踏实。"他停了一下，目光专注地看着她，语气放缓了些，"所以，我只是想在出发前，寻求一个确定性。"

夜风轻轻吹拂，带着初夏特有的温柔气息。时悦低头轻咬了下唇，像是在认真思考。她的目光缓缓落在林那斯的脸上，看着他眼底那抹深沉的期待，心中微微一颤。

她没有立刻回答，而是缓缓地上前一步，轻轻伸出手，握住了林那斯的手。她的手指微凉，林那斯的掌心带着暖意，两种截然不同的温度在夜风中交汇，像是一场悄然发生的交融。时悦轻声开口，语气里透着一丝不易察觉的羞涩，却又坚定无比："你知道吗？我一直觉得，人和人之间的感受是相互的。你感受到的，和我感受到的，其实是一样的。"

林那斯愣了一下，像是还没完全消化她这句话的含义，直到对上她那双澄澈的眼睛。他愣了半秒，嘴角缓缓扬起，像是骤然放松了心头的千斤重担。他轻轻回握住时悦的手，顺势把她拉进怀里，带着一丝难得的轻快和满足，低声笑道："那就好，我就怕自己会错了意。"

时悦被他这突如其来的举动弄得脸颊微微泛红，挣扎了一下却没挣脱，索性安静地靠在他怀里，嘴角微微翘起，轻轻地回了一句："没有，这道题你的解法是正确的。"

夜色温柔，风轻轻吹拂着树叶，投下斑驳的树影。两人的影子在地面上交错，仿佛紧紧依偎在一起。

多年以后，林那斯依然清晰地记得那个初夏的夜晚，记得那晚的月光和微风，记得时悦低头轻笑的模样，记得她的手掌触及他掌心的温度。那一刻的悸动和温柔，像是夏夜的星光，点缀在他人生最难忘的时光里，闪闪发亮。

29 我们是要创造历史的

"不想当将军的士兵不是好士兵，但一心只想着当将军的士兵也不行。也许是因为之前的比赛和训练太过顺利，让我们的队伍在总决赛时，心态上出现了问题。我们有些膨胀地给自己设定了一个必须AK的目标，整支队伍变得急躁，盲目地推进度。结果很明显——一旦心态失控，队伍就失去了整体的节奏和协调，三人各自为战，都想独立突破，反而相互影响。而失控的责任，作为队长的我首当其冲。我没有及时察觉到队伍的情绪变化，也没有在关键时刻调整节奏。这次教训让我明白，队伍需要目标，但更需要冷静和理性。冲动只会打乱节奏，真正的强队，靠的不是盲目推进，而是对全局的掌控和适时的策略调整。"

——林那斯世界总决赛小结

又一次出征，在过去的一年里，龙舌兰队先后征战国内区域赛、日本区域赛、中俄对抗赛，如今，他们终于站在了前往世界总决赛的起点。

出征的场景依旧熟悉，紧张与期待交织。陆宁像往常一样，反反复复地叮嘱着陆径："记得多喝水，证件再检查检查，一定要注意休息……"

时悦站在林那斯身边，轻声说道："加油，你一定可以的。"林那斯回头看着她，嘴角微微上扬："嗯，放心吧。"

站在一旁的苏加嘉，看着这两组截然不同的送别方式，一边是絮絮叨叨、恨不得再嘱咐10分钟的姐姐，一边是简单却真挚的祝福。他忍不住微微一笑，心中涌上一股难以言喻的温暖。这种熟悉的出征前氛围，总是能让人安心，让他们想起这一路并肩走来的点点滴滴。

车子缓缓启动，车轮与地面摩擦发出轻微的震动声。叶老师、顾韵和龙舌兰队三人坐在座位上，看着校园的景色一点点从视野中消失。熟悉的教学楼、机房，那些曾经熬夜训练的地方，一切都缓缓远去，但那段日子里的汗水、欢笑与成长，早已深深刻在他们心中。

林那斯低头看着手边的行李包，里面装着无数个日夜的努力和希望。"夏威夷，"他低声说道，像是在对自己宣誓，又像是在告诉队友，"我们来了。"

美国夏威夷，檀香山，世界总决赛在万众瞩目下如期拉开帷幕。全球 100 支顶尖队伍齐聚一堂，空气中弥漫着紧张与兴奋的气息，赛场上随处可见低声交流的选手、认真查看赛程的教练，媒体的摄像机在各队之间游走，记录着这场世界级赛事的精彩瞬间。

龙舌兰队此前三次夺冠，让他们成为大家关注的焦点。各国选手纷纷与龙舌兰队员打招呼，甚至清北大学的教练还特地找到叶老师，笑着说："希望这次龙舌兰队能为中国捧回第一座世界冠军奖杯！"

叶老师微笑着回应，却并未表现出过多的乐观。他深知，在这样的赛场上，期待越高，压力也越大，而心理状态往往是决定比赛胜负的关键因素。这一刻，他的目光落在自己的三名队员身上，暗自思索着——他们是否已经准备好，迎接这场真正的巅峰之战？

赛前的作战会议上，叶老师语重心长地叮嘱三人："世界总决赛的难度远超你们之前经历的任何比赛，可能只有一道签到题，甚至可能一道都没有。所以，前期千万不能急躁。"

林那斯点头，沉稳地接话："明白，前面三道题至关重要，提交前一定要多次检查。一血不重要，稳住节奏才是关键，不能被罚时拖累。"

"对，我们主打正确率，开局稳住才能掌控局势。"陆径和苏加嘉纷纷附和。

随着倒计时归零，比赛正式开始。赛题如叶老师所料，只有一道简单的签到题，其余 9 题难度跨度极大，充满挑战。

龙舌兰队没有丝毫犹豫，稳扎稳打，严格按照赛前制定的计划执行。林那斯负责前期的整体把控，陆径和苏加嘉分别消化分配到的题目，三人步调一致，节奏稳定。

比赛过程中，当其他队伍遇到 bug 频频提交、反复查错、浪费大量时间和罚时的时候，龙舌兰队一路高歌猛进。他们总是一次通过、没有任何多余提交，前期的每一步都精准而高效。

比赛进行到 3.5 小时，龙舌兰队已经成功通过 7 道题！每道题都是一次提交成功，没有任何无效尝试！

更令人震惊的是，他们不仅领先第二名整整两题，总罚时还比对手少了几十分钟！在世界总决赛的历史上，如此完美的节奏实属罕见，一次次"Accepted"的提示将他们推向全场瞩目的焦点。

"这次我们能把总决赛冠军奖杯捧回去了吗？"顾韵在看台上问，语气中带着期待和一丝不安。

叶老师紧盯着排行榜，神情兴奋却透着谨慎，他深吸一口气，沉声说道："虽然第二名落后两题，但他们已经提交了多次，如果能顺利查错，很快就能追上来。比赛还有 1.5 小时，一切皆有可能。"

他顿了顿，眼神始终追随着龙舌兰队三人的操作，仿佛在等待某个关键节点的到来。

"他们至少还要再拼出一题，才算真正稳住。"叶老师低声补充，眼中掠过一丝担忧，"否则，领先优势随时可能消失。"

此刻的龙舌兰队，三人看了一眼榜单，心跳加速，仿佛胜利已近在咫尺。

"剩下的 B 题是一道三维计算几何题。"林那斯沉思片刻，迅速分析道，"我可以写，但代码量大，且容易陷入精度问题，需要格外小心。"

"D 题看起来是一道网络流最小割问题，我大致推导了一下构图规则，但还不太确定该如何搭建流网络。"他看向陆径，"你来看看，或许能找到突破口。"

"至于 J 题，我有一个动态规划的思路。"林那斯继续道，"但肯定会超时，苏加嘉，你看看能不能用数据结构优化。"

三人交换了一个默契的眼神，空气中弥漫着紧张又激昂的气氛。

"还剩 1.5 小时，如果我们分工合作，说不定能把这三道题全做出来！"陆径提议，眼神闪烁着斗志。

苏加嘉点头，跃跃欲试："也不是不可能。而且，总决赛历史上还没有队伍能 AK（全题通过）呢！"

林那斯毫不犹豫，立刻上机，开始编写 B 题的代码。三维计算几何题代码量大，他必须争分夺秒。陆径则在草稿纸上专注推导 D 题的网络流建模，力求构建一个稳妥的最小割图。苏加嘉则全神贯注地优化 J 题的动态规划，试图找出降低时间复杂度的突破口。

三人各司其职，彼此之间不需要多余的指令，配合默契，如同一台精准运转的战术机器。

看台上，叶老师望着三人忙碌的身影，终于松了口气，低声喃喃道："至少他们不紧张，这是好事。"

但他并不知道，此刻龙舌兰队已做出一个大胆的决定——三人攻克三道题，力求创造历史，成为世界总决赛历史上第一支 AK 的队伍。

他们的目标远大，却也极其危险。这份冲击 AK 的决心，既是他们心中对胜利的渴望，也将成为他们痛失冠军的致命因素。

在这短短 1.5 小时内，胜负的天平已悄然开始倾斜。

封榜时间到来，赛场气氛骤然紧绷。

按照惯例，比赛最后一小时，排行榜将不再更新，选手只能看到各队提交了哪些题目，却无法得知是否通过。这种设计让最后的比拼充满悬念，每一次提交都仿佛悬崖上的一跃，充满风险和未知。

叶老师紧盯着排行榜，片刻后，他看到屏幕上闪过一道龙舌兰队的提交记录——B 题。

他的目光迅速投向龙舌兰队的区域，看到林那斯眉头紧皱，迅速低头似乎在查错。"好像没通过。"叶老师低声嘀咕。

顾韵在一旁安慰："没关系，至少他们已经写出了完整的代码，说明方向应该没错。"

林那斯匆匆下机，开始查错，神情焦急。与此同时，苏加嘉起身，快速走向电脑。

"他们居然还有一个题会做？"顾韵有些不可思议。

叶老师迅速做出判断，"是苏加嘉上机的话，大概率他们是想尝试 J 题。"

话音刚落，他的目光又落在陆径身上，发现陆径没有参与 B 题的查错，而是仍然埋头在草稿纸上写写画画。看到这一幕，叶老师的心猛然一跳，几乎瞬间意识到他们的计划。

"他们是要三题全开？"叶老师的声音低沉而凝重，带着难以掩饰的惊讶。

顾韵也察觉到这一点，眼神微变，急切地说道："他们太冒险了！如果这三道题都没做出来，那后面的队伍随时可能反超！"

封榜阶段，总决赛已经进入生死攸关的时刻，稳健的队伍会在最后时刻确保自己提交的题目尽量正确，而不是同时押注三道题，因为一旦全部失误，前期积累的优势就可能顷刻化为乌有。

叶老师的拳头不自觉地握紧，心脏狂跳。他望向龙舌兰队的方向，心中暗自祈祷："希望他们能稳住，不要让胜利从指间溜走。"

赛场里，紧张的气氛已经攀升至顶点。

林那斯再次提交 B 题，依然没有通过。他盯着屏幕上"Wrong Answer"的提示，心中一阵慌乱。三维计算几何的精度问题像一座无形的迷宫，绕得他越查越乱。他的手指在桌面上敲击得越来越快，思绪却逐渐陷入混沌，理不清到底是哪一步出了问题。

另一边，苏加嘉提交 J 题，也没有通过。他飞速翻阅自己的推导过程，试图找到突破点，可时间已经不多，思维却越发混乱。他想到一个优化方向，匆忙在纸上演算，却发现代码的改动远比预想更复杂——错误细节难以捕捉，程序逻辑在高压之下变得模糊不清。"时间还够吗？"他望了一眼计时器，心跳加速，焦躁感如潮水般涌上心头。

陆径的 D 题同样陷入僵局。代码虽能编译通过，可运行测试样例时总是输出错误结果。屏幕上的"Wrong Answer"一次次提醒他，构图逻辑可能存在漏洞。

他急忙改动变量和边权，试图找出问题所在，但时间已经不足以支撑他重新思考结构。眼看比赛倒计时进入最后阶段，陆径也渐渐感到无力。

"时间不够了。"陆径咬紧牙关，手上动作越来越快，心里却越来越乱。

大屏幕上的计时器开始倒数：10，9，8，7……

林那斯强行压下慌乱，匆忙改动着最后几行代码和控制精度的小数位数，疯狂提交各种版本，试图拼出一个奇迹。

苏加嘉盯着纸上密密麻麻的演算，额头冒出细汗，却迟迟找不到立刻解决问题的办法。

陆径死死盯着屏幕，眼神中闪过一丝不甘，但他知道，一切都太迟了。

"3，2，1……"

计时器归零，比赛结束。

赛场内骤然陷入死一般的寂静，所有人都停下手中的动作，只剩下心跳声在耳边清晰可闻。

陆径缓缓放下手中的笔，靠在椅背上，深深吸了口气，手指抑制不住地颤抖。他终于知道问题出在哪里了，可是，已经没有机会了。

林那斯盯着屏幕，双手无力地垂在键盘上，眼神空洞。苏加嘉轻轻揉了揉酸涩的眼睛，疲惫又懊悔。

三人怔怔地坐在座位上，仿佛被抽干了所有力气。他们心里清楚，这不是一次简单的失误，而是一次代价沉重的崩盘。

此时，三名俄罗斯选手缓步走近，带着满脸的好奇和兴奋，其中一人用流利的英语问道："Did you solve B or J? How many did you get at the end?"

三道题都没有做出来的龙舌兰队三人互相看了一眼，内心满是失落，本来不想理他们，但出于礼貌，林那斯低声回答："Zero."

俄罗斯选手的表情瞬间一亮，随即猛地欢呼起来："Oh YEAH! We are the champions!!"

这突如其来的反应让林那斯、陆径和苏加嘉瞬间愣住，几乎不敢相信自己的耳朵。"什么？我们把冠军丢了？"

没错，这三名俄罗斯选手来自俄罗斯大学队，他们在封榜后的最后一小时里修正了 B 题，成功通过，最终以 8 道题的成绩反超龙舌兰队，获得冠军。

同样通过 8 道题的，还有波兰华沙大学队。他们在封榜后通过了 J 题，但由于总罚时略高于俄罗斯大学队，屈居亚军。而龙舌兰队，最终只以 7 题的成绩位列第三。

第三名。

这个结果像是一记重锤，狠狠地砸在三人的心头。他们原本以为胜券在握，结果却在最后时刻被对手反超得猝不及防。而最让人难以接受的是——这次失败不是因为对手超常发挥，而是因为他们在最后阶段战略和执行上的崩盘。

"我们输了，只得了第三。"林那斯低声说，声音中带着深深的自责与失落。

三人低头坐在座位上，心情沉重到无法言表。他们是 7 题队伍中罚时最少的，比冠军俄罗斯大学队整整少了 300 多分钟。这意味着，他们只要在比赛结束前通过任意一题，哪怕有错误多提交几次，也能轻松夺冠。可是，现在一切都化为泡影。

三人静静坐在座位上，空气仿佛凝固了一般，沉重得让人喘不过气。

林那斯主动将问题拦到自己身上，他清楚地知道，这是作为队长的责任。"三题并进是我拍板的决定，"他语气中满是懊悔，"我太贪心了，忽略了最基本的节奏控制。"

陆径低下头，指尖在膝盖上紧了又松，紧了又松，最后紧握成拳，微微颤抖。过了许久，他才低声说道："D 题其实我能做出来的……"他声音低沉，"可我太自信了，以为等思路完全清楚再上机会更高效，结果反而拖到最后。"

苏加嘉的目光仍然停留在屏幕上定格的最终榜单，眼圈微微发红，"我更不该犯那么低级的错误。J 题最后华沙大学是通过的，我本来有机会……只差那么一点点。"

赛后复盘时，叶老师和顾韵带着三人回顾了最后的失误。当代码和解题思路重新摊开在他们面前，三人震惊地发现——他们的程序其实已经无限接近通过了，甚至已经找出大部分问题所在。

如果再多给他们 20 分钟，哪怕 10 分钟，都很可能三题全部通过，创造历史，成为世界总决赛上第一支 AK（全题通过）的队伍。

然而，比赛没有"如果"。

对其他人来说，第三名或许已经足够辉煌。毕竟这是世界级的舞台，他们击败了无数强队，站上了领奖台。但对龙舌兰队来说，这就是崩盘，是近在咫尺却痛失冠军的致命打击。

林那斯低着头，手指紧紧攥着衣角，声音微微颤抖："如果我稍微稳一点，再冷静一点，这个冠军应该是我们的，是我的责任。"他把所有失误和决策失控都归结到自己身上，仿佛背负着整个队伍的失败。

苏加嘉沉默不语，他知道，太多"如果"只会让懊悔更深，但此刻，他的心如同压上了千斤重担，无法喘息。

陆径拍了拍林那斯："赛场出了问题，从来都不是你一个人的责任，出问题一定是三个人都有问题，这是我们三个人的责任。"

林那斯抬头，看着苏加嘉，又看向陆径，三人目光交会，没有责备，只有无言的理解和共同的痛楚。

"我们的问题，不是因为不会，而是因为最后阶段太急了。"苏加嘉叹了口气，语气里透着深深的自省，"我们都太想赢，结果反而打乱了节奏。"

叶老师站在一旁，静静地看着他们，心里五味杂陈。

他知道，这场失败对他们来说是一次沉重的打击，但他更清楚，这份失落背后，蕴藏着让人期待的希望。

他希望这次世界总决赛的失败不仅是一次教训，更是一个促使他们蜕变的契机。他相信，龙舌兰队并没有倒下，他们只是暂时停下脚步，为下一次更强的归来积蓄力量。

30 三个光头

　　夏威夷回国的航班，飞机穿过云层，舷窗外是壮丽的海天一色，蔚蓝的天空与大海连成一片，像一幅美丽的画卷。可机舱内的气氛却异常沉闷，不同于以往凯旋归来时的欢声笑语，这一次，行李箱里装着的不是奖杯，而是沉甸甸的遗憾、不甘和悔恨。

　　叶老师静静地看着三人，心里比他们更清楚这次失败的意义。往常的回程，比赛的压力一旦卸下，三人总是聊个不停，连向来话不多的陆径都会加入讨论。可如今，安静得让人心疼。

　　林那斯靠在座位上，戴着耳机，闭着眼睛。苏加嘉坐在另一边，手里拿着一本书，却始终没有翻过一页。陆径的视线望向舷窗外，望着云层发呆。

　　看着他们，叶老师轻轻叹了口气。他知道，此刻的遗憾和悔恨是他们心头的负担，但他希望，未来这些情绪终会成为他们最重要的动力。

　　"失败的滋味，他们终究得经历。"叶老师心想，"又有哪支队伍从来没有经历过失败呢。"

　　飞机在云中平稳飞行，窗外是蔚蓝的天际，机舱内，三人仍然沉默——或许，真正的成长就蛰伏在这份沉默之中。

　　遗憾，不甘，悔恨，或许正是他们未来夺冠路上最好的动力。

　　三人回到学校，推开熟悉的 312 宿舍门，熟悉的陈设映入眼帘，空气中却弥漫着一丝沉重的压抑感。

　　林那斯安静地整理书桌，动作机械而缓慢，一页页翻动着书本和文件，像是在找什么，又像是在逃避什么。他的目光偶尔停留在某张笔记纸上，却又很快移开，脑海中不受控制地重播着比赛的画面——封榜前的领先，最后一小时的混乱，还有那让人心悸的"Zero"。

苏加嘉躺在床上，闭着眼睛，假装睡着，呼吸却不均匀。他的手紧紧攥着被角，指尖微微发白，泄露了内心翻腾的情绪。那些细小的错误、那道差一点就能通过的题，一遍又一遍地在他脑海里回放，像是嘲弄，又像是惩罚。

陆径则罕见地坐在电脑前，对着屏幕奋笔疾书，正在写比赛小结。他平时对这种小结一向敷衍了事，能少写就少写，如今却写得异常认真，键盘敲击声清晰可闻，仿佛每一句话都在剖开他的内心。

"这次世界总决赛我们输了，赛场上出问题绝不是一个人的问题，一定是三个人的问题。林那斯认为，这次世界总决赛最后一个半小时的策略是他决定的，所以他应该负主要责任。苏加嘉也说，J题是个简单的题，他却卡了很久，没处理好时间，他有责任。

我听着他们的话，心里越发不是滋味。难道真的只是他们两个人的责任吗？不，我也有责任，而且很大。

首先，我并没有对林那斯的决策提出任何异议，甚至内心是非常赞同的。当时一种莫名其妙的胜负欲压倒了理性的判断，让我盲目相信'冲击AK'的计划是正确的，完全忽略了它的风险。

其次，我对自己的能力过于自信，认为我有足够的时间可以处理D题。但事实是，我一拖再拖，直到时间所剩无几，连补救的机会都没有。

再次，苏加嘉在J题卡了那么久，而我竟然浑然不知。我只专注于分配给自己的题目，以为完成自己的任务就是尽职。可事实证明，这种单兵作战的思维在团队合作中是致命的。

赛场上，沟通比我们想象的更重要。并不是完成自己的任务就算合格，我们需要彼此关注、彼此支撑。一场比赛的胜负，不在于每个人解出多少题，而在于三个人在关键时刻能否齐心协力，灵活应变。

我们输掉比赛，不是因为不会做题，而是因为每个人都太相信自己的单兵作战能力，没有人敢于在危机中打破僵局，提醒队友停下脚步、重新审视策略。"

陆径写完最后一行字，轻轻按下保存键，长长舒了口气。他关掉屏幕，转头望向林那斯和苏加嘉，嘴角忽然扬起一丝苦涩又带着无奈的笑意。

"这次比赛后期崩得太离谱了。"陆径抓了抓头发，语气像是在总结教训，却又透着股反常的轻松。"我觉得吧，咱们该去剃个光头，讨个彩头，从头再来。"

"光头？！"林那斯一惊，手上收拾书桌的动作顿时停了下来。

苏加嘉也装不下去了，他猛地从床上坐起来，瞪大了眼睛："为什么想不开剃光头？你是认真的？"

林那斯像是忽然想起了什么，挑眉看向陆径："你这是在回应我们当年试组队时开的玩笑吧？还记得吗？我们说如果输了不该输的比赛，就去剃个光头。"

"对啊，所以这次是不是兑现承诺的时候了？"陆径双手抱在胸前，半开玩笑半认真地说道，"剃个光头，干净利落，寓意着我们要从头再来，挺应景的。"

林那斯和苏加嘉面面相觑，他们怎么也没想到，一向冷静理性的陆径大神竟然迷信起这种仪式感来了。

两人犹豫之时，陆径已头也不回地走出寝室。

半小时后，宿舍的门被推开。

陆径走进房间，头上少了大片熟悉的黑发，头发被剃得只剩下 0 毫米，不是那种油光锃亮的光头，而是隐约能看到发根的平整短发。他的头型出奇地圆润，显然小时候父母在"睡头型"这件事上没少花心思。更出人意料的是，这造型居然意外地适合他，让他看起来比之前更加利落、干脆。

"剃完了。"陆径一边摸着自己的光头，一边露出一丝释然的笑意，甚至还带着点坏笑。"对了，我还跟理发师说，过一会儿还有两个人也会来剃一样的发型。"

林那斯和苏加嘉刚想笑，结果被这句话噎住了，愣了一秒后，齐齐瞪大眼睛看着他："你说啥？！"

"咱们是不是队友，是不是要行动一致！你们该不会就让我一个人光头吧？"陆径继续煽风点火。

林那斯咬了咬牙，在心里与自己搏斗了几秒，最终一拳头砸在手心上："好，我第二个去！"

本来还在心疼自己秀发的苏加嘉深吸一口气，无奈地叹道："行吧，算我一个！反正你们俩都上了，我也不能落单。"

理发店里，Tony 挑眉一笑："刚才有个同学说还有两个人要来剃光头，我还不相信，你们这组团剃光头，是大冒险输了？"

"差不多吧。"林那斯点点头，语气中夹杂着几分自嘲。"我们是学校ACM 竞赛队的，原本世界总决赛形势一片大好，结果还是丢了冠军。剃个光头，就当是新起点。"

"龙舌兰队？！"Tony 眼睛一亮，"你们的比赛帖子我在水源 BBS 上看过，那天人气爆棚！一度压过了鹊桥板块那些相亲帖呢！"

林那斯苦笑："越想做到完美，越容易功亏一篑。"

Tony 一边准备工具，一边点头感慨："可不是嘛，我刚学理发时总想着弄点炫酷的花样，结果剪砸了不少头发才学乖。"

剃光头的过程比想象中快得多。

不到两分钟，镜子里便出现了一个头发尽失、表情微妙的林那斯，以及站在旁边憋着笑的苏加嘉。

林那斯揶揄苏加嘉："有什么好笑的？下一个就轮到你了。"

回到 312 宿舍，三人对视，盯着彼此光溜溜的脑袋。短暂的沉默后，忍不住同时爆发出一阵大笑。宿舍里笑声回荡，三人笑得前仰后合，眼角甚至带着点湿意。那股压在心头的沉重，似乎也随着掉落的头发一起散去了。

没过多久，三人剃光头的消息传到了叶老师耳中。他特意赶到寝室，绕着三人转了一圈又一圈，嘴角微微抿着，显然在极力忍住笑意。

"不错嘛，削发明志！"叶老师拍了拍林那斯的肩，语气里夹杂着鼓励与调侃，"记住这次的教训，下次要更强。"

林那斯挠了挠光头，笑得有点无奈："是，叶老师，陆径说了，我们这叫从'头'再来。"

叶老师刚离开宿舍，林那斯的手机突然震了一下，屏幕上弹出一条消息，是时悦发来的："带上你的队友，来学校大草坪，有重要的事等着你们。"

三人对视了一眼，没多想，便一起出了寝室。

夕阳斜照着大草坪，金色的光洒在绿茵上，显得温柔而安静。

刚走到指定位置，一声清脆的笑声突然响起——

"Surprise！"

时悦和陆宁突然从一棵大树后跳出来，两人手中牵着一束五颜六色的气球。气球不多不少刚好十个，在微风中轻轻晃动。

"气球？"陆径挑了挑眉，显然有些疑惑。

"哇，这排场……还以为是有人要表白呢。"苏加嘉看着渐渐围上来的路人，有些不好意思地摸了摸自己的光头。

"我就说他们笨吧，"陆宁替时悦打不平，"根本没看懂你这么精心安排的惊喜是为了什么。"

林那斯的目光落在气球上，忽然怔住。每个气球的颜色，竟然和这次总决赛的十道题目一一对应。他张了张嘴，心头一热，一时竟说不出话来。

"林那斯、陆径、苏加嘉，"时悦边说边走上前，眼中闪烁着温柔的光芒，"虽然这次你们龙舌兰队没能 AK，但你们的这份魄力和坚持，绝对是前无古人的。在陆宁和我心里，你们就是最棒的冠军。"她将气球递到林那斯手中，轻声说道："这十只气球是属于你们的。"

"是十道世界总决赛题目对应颜色的气球……"陆径和苏加嘉也反应了过来，眼中浮现出感动与坚定。

林那斯深吸一口气，目光坚定地看向队友。三人无需任何多余的话语，不约而同地伸出手，握住了那束气球。

"失败一次又怎样？"陆宁突然大声说道，声音爽朗而坚定，"明年再来就好！"

林那斯微微一笑，和陆径、苏加嘉一起，将手中的气球缓缓放飞。

十个五颜六色的气球，在夕阳的照耀下，缓缓升向天空，越飞越高，直至消失在云层中。

林那斯抬头望着远去的气球，心中忽然感到一阵轻松。那些压抑在心里的遗憾，似乎也随着这十只气球一同被风带走。

他低头，看向身旁的时悦。在夕阳的余晖下，她的眼神温暖而明亮。

林那斯轻轻握住了她的手，和她并肩而立。

路过的人注意到林那斯和时悦的亲昵，有人忍不住调侃："美女向光头哥表白？！"

"看来浦江交通大学'和尚庙'的称号不是白叫的！"

"光头哥牛啊，我们也得去剃个光头试试。"

听着这些玩笑，三人笑得更大声了。

失败又如何？热血未凉，梦想未灭。他们知道，只要心中还有希望，就一定能重整旗鼓，重新站上更高的舞台。

31 是女生又怎么样

"光头三人组"的故事很快在学校里传开，成为同学们茶余饭后的热门话题。大家在感慨之余，更多的是觉得有趣又敬佩。能闯入世界总决赛，还拿到第三名，本就是极大的成就，三人还能以这样坦然的姿态面对失败，实属难得，校园论坛里甚至有人发起了"光头致敬"的话题，号召大家以这种方式向龙舌兰队致敬。

然而，夏茵却觉得有些别扭。

自从图书馆的那场表白未遂后，虽然她和林那斯之间多了几分尴尬，但联系并没有完全中断。夏茵偶尔还是会在 QQ 上向林那斯请教问题，而他依旧耐心细致地帮她解答，仿佛那件事从未发生过。

创新班上课的时候，林那斯、陆径和苏加嘉三个光头坐在教室中间，犹如移动的焦点。每当他们出现，同学们的目光总会不由自主地追随，有人细细打量，有人忍不住调侃："哎哟，咱们的'光头三人组'来了！"三人大多是一笑带过，偶尔还会自嘲几句，气氛反倒轻松自然。

今天的创新班课上，林那斯、陆径和苏加嘉依旧坐在平时的位置上，三颗光头在灯光下反射着微光，显得格外扎眼。夏茵一走进教室就不由自主地皱了皱眉。她少见地没有坐在靠前的位置，而是默默走到教室最后面，找一个角落的座位坐下。

坦白说，以林那斯三人的颜值，剃了光头后并不算难看。

但不知为何，每次看到他们光头的样子，夏茵心里总觉得怪怪的，她的脑海里总会闪现出三人从世界总决赛归来时的模样：满脸疲惫，眼里隐隐藏着遗憾，却努力维持着平静的笑容。

尤其是这光头的由来，更让夏茵觉得别扭。

它像是一种公开的符号，时刻提醒着众人，他们曾在世界总决赛上功亏一簧。对别人来说，这或许是一段宝贵的经历，是值得纪念的故事；但在夏茵心中，这光头却像是一根"耻辱柱"，扎眼地摆在那里，不断触动着她内心的不适。

好在坐在教室最后排的位置，前排的同学挡住了她的视线，让夏茵稍微松了口气。被三颗光头"支配"的感觉稍微减弱了一些，她终于能勉强将注意力集中在黑板和讲义上。

课间铃声一响，夏茵迅速合上笔记本，整理书本，将混乱的心思一并压了下去。她想起晚上约了顾韵一起吃饭，顾韵马上要出发去海外实习，这顿饭也算是一场简单的践行。

夜色渐浓，餐厅的玻璃窗映着外面五光十色的霓虹灯，微微晃动的光影映照在桌面上，透出一丝温暖的安静。湖南菜的香气弥漫在空气中，带着浓郁的辣香，让整个氛围都热烈起来。

顾韵夹了一口菜，慢悠悠地感慨道："林那斯他们这次总决赛稍微有点遗憾，不过剃光头这事倒是挺有仪式感的，心态很好。"

夏茵皱了皱眉，低声说道："我觉得他们三个剃光头……真的好丑。"

顾韵一愣："丑？一开始看着确实有点不习惯，但以他们仨的颜值，不至于吧？"

夏茵叹了口气，把筷子放下："不是颜值的问题。我一看到他们三个光头，就会想到世界总决赛。我真的没想到……林那斯他们会失败。"

顾韵的动作稍微顿了一下，沉默片刻后，轻声说道："可是，没有人会永远不败啊。"

"我知道。"夏茵抬起头，勉强勾起一抹笑，"可是……我以前真的觉得林那斯不会失败。"

她的目光微微闪动，语气里带着一丝连自己都没察觉的落寞："不管是什么样的程序，什么样的问题，他总能给出答案。那些别人解决不了的难题，在他手里似乎只是简单的逻辑推演，好像从来没有什么能难倒他。"

顾韵听着她的话，微微皱了皱眉，似乎听出了某种情绪，忍不住问道："夏茵，你是不是把林那斯想得太过完美了？"

夏茵沉默了一会儿，目光有些飘忽，像是在思索，又像是在回避，最终轻轻地点了点头："可能吧……"

顾韵放下筷子，靠在椅背上，语气透着几分试探："你……是不是有点喜欢林那斯？"

夏茵抿了抿嘴唇，半晌才轻轻地"嗯"了一声，像是终于承认了什么。

顾韵来了兴致，身体微微前倾："那你有没有告诉过他？"

夏茵苦笑了一下，摇了摇头又点了点头："我其实告诉过他，但……他拒绝了。他说他对我没有那种感觉。"

夏茵试图掩饰自己的情绪，装作毫不在乎的样子。但指尖无意识地攥紧了桌布，暴露了她内心的波动。

顾韵原本带着几分八卦的表情渐渐收敛，她看着夏茵，眼中浮现出一丝思索，随即，她轻轻起身，走到夏茵身旁坐了下来，语气少了调侃，多了几分认真："夏茵，你有没有想过，也许你喜欢的并不是真实的林那斯，而是你心中构建的那个无所不能、永远不败的林那斯？"

夏茵抬起头，怔怔地看着顾韵，嘴唇微微动了动，却没有立刻说出话来。

顾韵继续说道，语气里多了几分安慰和引导："林那斯确实很优秀，这一点谁都承认。我也知道，他帮了你很多，尤其是在学习上，给了你很大的支持和鼓励。但我在想，你对他的感情，到底是因为喜欢这个人，还是更多是一种心理上的依赖？"

她停顿了一下，目光透着几分温柔的犀利："因为在你眼里，他似乎成了那个总能解决问题、给你安全感的存在。他强大、冷静、自信，是你想成为的样子，所以你把自己对'完美'的想象投射到他身上。当然，这只是我听了你今天这番话后的一点感受，真正的答案还是要靠你自己去找。"

夏茵的手指松了松，目光在顾韵脸上停留片刻，像是在思考，过了一会儿，她轻轻叹了口气，语气里透着一丝不确定："学姐，我其实也不知道。我最近也一直在想这个事情。"

她低头拨弄着手边的餐巾纸，语气中夹杂着一丝迷茫与坦白："现在创新班的课程我已经基本跟上了，可是……我并不是真的喜欢。说到底，我当初选择加入创新班，更多是因为它的名气，而不是出于内心的热爱。"

她顿了顿，像是在组织语言："最近，我总在想，或许我不该勉强自己去追求那些我不喜欢的东西。我旁听了不少数学系的课程，每次都觉得比创新班的内容更吸引我，甚至有点后悔，当初为什么要放弃数学。"

她抬起头，目光微微闪烁，语气比刚才更加坚定了一些："其实，我以前跟你提过，高考选专业时，我没有选择数学，很大程度上是因为害怕——害怕遇到那种'女生学数学，总有一天会不如男生'的时刻。"

顾韵静静地听着，眼神温和而包容。她轻声问："那你现在觉得呢？"

夏茵抿了抿嘴，缓缓说道："我现在觉得，是女生又怎么样呢？创新班的课程这么难，我的成绩可是排在很多男生前面的。而且你知道吗？高等数学的期末考试，我也是排在前几名的。"

她的嘴角微微扬起，眼里带着一丝不易察觉的骄傲："以前总听人说，女生学数学靠的是细心，等到数学变得抽象和深奥，就学不过男生了。可是现在事实证明，好像并不是这样。"

顾韵听到这句话，嘴角扬起一抹笑意，语气中透着欣慰："是啊。所以不要总被别人的成见束缚。很多事情，只有你亲自去做，才会知道答案。数学系的课程你已经旁听了这么久，比很多人更有发言权，也比当初选专业时有了更直观、更理性的判断。"

夏茵轻轻点头，眼神变得更加坚定："所以，我最近总在想，要不要转去数学系，把数学学习重新拾起来。"

顾韵目光带着鼓励："如果你真的想好了，那就去做吧。去做自己喜欢又擅长的事情，不仅会让你快乐，还会让你更自信。当你从内心真正接纳自己，也许很多曾经困扰你的问题都会迎刃而解。"

　　她顿了顿，声音放缓，带着几分点拨的意味："也许到时候，你就会明白，你对林那斯的喜欢，到底是因为他身上的光环，因为他总能帮你解决问题的那种安全感，还是因为他这个人本身。那个真实的林那斯，不是你幻想中的完美形象，也不是无所不能的存在，而是一个会失败、有缺陷，但依然值得被喜欢的人。"

　　夏茵听着顾韵的话，眼神逐渐柔和，仿佛心头沉甸甸的负担被轻轻卸下。她低头笑了笑，端起碗说道："学姐，你快点吃吧，去了那边也不知道还能不能吃到这么地道的湖南菜了。"

　　"可别让我留遗憾啊，这顿必须吃个够！你也别光顾着说我，快吃，还有什么是一顿辣菜解决不了的。"

　　夏茵被她逗得扑哧一笑，夹起一块剁椒鱼头送进嘴里。熟悉的辣味在舌尖炸开，刺激着味蕾，鼻尖微微一酸，却带来一种意外的舒畅感。她抬头看向顾韵，眼神中多了一丝轻松，仿佛心里紧绷的那根弦终于松了下来。

　　每次和顾韵对话，都像是经历一场醍醐灌顶的洗礼，顾韵总能不动声色地将那些困扰与纠结轻轻拨开，让她看见更清晰的方向。

　　餐桌上的气氛逐渐变得轻松起来，两人不再讨论那些让人纠结的问题，而是聊起了顾韵即将开启的海外实习生活。

　　"学姐，等你回来的时候，我可能已经是数学系的人了。"夏茵开玩笑地说，语气却透着几分认真。

　　"那你可得多多努力，我听说数学系的课可不比创新班简单。"顾韵眨了眨眼，语气半认真半打趣。

　　夏茵点了点头，目光比刚才更加明亮了一些："我知道了，学姐。"

　　窗外的霓虹灯影映在玻璃窗上，菜香弥漫在温暖的空气中，这一顿饭仿佛不仅是为顾韵送行，也为夏茵的生活揭开了新的篇章。

　　与此同时，陆径也在悄悄做一件事。

　　顾韵即将出国，他不习惯用过于煽情的方式送别，于是选择了自己最熟悉的方式——用代码记录回忆。

他整理了顾韵和龙舌兰队三人的所有聊天记录，自编算法，提取聊天记录里出现频率最高的关键词，生成了一张词云图（Word Cloud）。

当屏幕上逐渐浮现出一个个熟悉的词汇时，陆径的手指微微停顿，目光落在那些高频关键词上——"训练""比赛""算法""机房""调试""加油""奶茶""湖南菜"……这些词，就像他和顾韵共同经历的一幕幕，被数据精准地拼接成一张记忆的剪影。

他把这张词云图精心排版，设计成一张卡片，在背面写下了一句简短却意味深长的话："你一定会成为最好的自己。"

没有华丽的告别词，没有煽情的表白，陆径只是以自己的方式，把那些回忆整理好，送给顾韵，也送给自己。

然后，静静地放下。

32 龙舌兰只能开一次花吗？

"最近的训练很不顺利。我们队现在最大的问题就是——顺起来时势不可挡，一旦遇阻却容易被任何队伍碾压。不得不承认，世界总决赛的失利确实对队伍的心态造成了不小的影响，尽管我们一直在努力将这种影响降到最低。但不可否认，现在的我们有些放不开手脚。正如陆径所说，当手上的题目都顺利通过时，他会充满信心，即使是遇到新的、有些棘手的题目，也敢于大胆尝试；但如果有题目卡住未能解决，面对新的挑战时就会不自觉地畏首畏尾、顾虑重重。我们需要改变这种心态，不能被一时的失败困住脚步。只有重新找回那股无畏的冲劲，才能突破瓶颈，走得更远。"

——苏加嘉训练小结

大一的暑假，龙舌兰队三人一直在积极整理心情，以便大二开学再度启程。

与此同时，夏茵也做出了人生中一个重要决定——转系。开学第一天，她毫不犹豫地提交了转系申请，从计算机系转入数学系。对于离开计算机系，她没有太多留恋，甚至有些轻松。她曾以为自己会不舍，毕竟在创新班待了一年，学到了很多东西。但当她站在数学系的门前，走进第一间教室，坐在椅子上时，才恍然明白——她是真的更喜欢这里。

叶老师的鼓励在她脑海里浮现："如果真的喜欢数学，那就去追求。你在创新班里学到的东西，付出的努力，一定不会白费。"

她一直记着这句话，所以她来了。数学系的生活比她想象中还要充实。课业繁重，数论、代数、泛函分析，每一门课都让她着迷。曾经在计算机系，她努力去适应创新班的节奏，花了一年的时间才跟上那些天才的步伐，但总觉得缺了点什么。而现在，在数学系的教室里，她第一次有了"如鱼得水"的感觉。

她开始习惯于用一天甚至一周的时间推导定理，习惯在解不开的证明里苦思冥想到凌晨，也习惯了在数学沙龙和同学为一个问题争得面红耳赤，甚至有些享受这样的日子。

　　而且，她很快就意识到，叶老师是对的，她在创新班里努力的那一年并没有白费。算法、离散数学、组合优化……这些知识让她在数学系的部分课程中游刃有余。她这才明白，原来这条路正是她一直想走的。

　　某天，她从自习室出来，天色已经很晚了。夜风拂过校园的树梢，星空清朗，她下意识地朝计算机系的方向望了一眼。她记得，过去的自己，曾无数次地在那里纠结彷徨。但现在，她不需要了。

　　她喜欢并享受现在的生活。她越来越自信，越来越快乐。她不再纠结于自己是否足够优秀，不再因为别人的脚步而感到焦虑，而是专注于自己真正热爱的东西。仿佛她一直以来缺少的那部分自我，终于在数学系找到了归属。

　　夏茵忽然想起顾韵曾经对她说过的一句话："也许你并不是喜欢林那斯，而是被他身上的光吸引了。但你自己的光，也值得去点亮。"现在，她真的不觉得自己喜欢林那斯了。回头看去，她才明白，那不过是在她最没有自信的时候，对耀眼之人的一次短暂仰望。

　　而那时候的自己，是一个对未来没有方向的人。她渴望变得强大，渴望像林那斯那样优秀，她以为自己喜欢的是那个人，后来才发现，她真正渴望的，是那种自由而坚定的状态。如今，她已经不需要再仰望了。她已经站在了属于自己的舞台上，走在自己的路上。她的光芒不需要从别人身上借来，她的自信，也不需要依赖谁来给予。

　　另一边，大二开学后，龙舌兰队三人组，无论成功还是失败，也一直在路上。

　　浦江交通大学 ACM 集训队每年都会组建五支竞赛队伍，平日里，这些队伍共同训练、排名，龙舌兰队自组建以来一直是其中的王牌。可自从去年世界总决赛失利后，那场近在咫尺却痛失冠军的遗憾，如同挥之不去的阴影，悄然笼罩在他们心头。

　　每当三人训练遇到卡题时，紧张与不安便会不自觉地涌上心头，失败的记忆仿佛被再次唤醒，当时那种无能为力的挫败感也随之而来。这种心态逐渐影响了他们的训练状态，往日锐不可当的气势荡然无存，甚至在校内集训赛中，偶尔也会被其他队伍击败。曾经让对手望而生畏的绝对自信，似乎正渐行渐远。

这天，机房里，集训队正为即将到来的校内选拔赛做准备。

"我的妈啊，Sightseer 去俄罗斯大学读大一了！"

陆径的惊呼打破了机房的宁静，键盘声戛然而止，所有人迅速围拢过来，机房顿时陷入一片激烈的议论。

Sightseer，这个如雷贯耳的 ID，在竞赛圈里几乎是神话般的存在。Topcoder 个人实力排行榜第一名，被誉为"无敌王者"，是每个竞赛选手心中的传奇。他从小学起便代表白俄罗斯国家队征战国际高中生信息学奥林匹克竞赛（IOI），初中时期便已是金牌选手，高中更是连续两届满分夺金，风头无人能及。

如今，这位横扫各大竞赛舞台的天才，竟然加入了刚刚在 ACM-ICPC 世界总决赛夺冠的俄罗斯大学——这无异于给这支原本就实力强敌的队伍插上了翅膀。

"看来 Sightseer 是奔着卫冕来的。"林那斯皱着眉头，手指不自觉地敲击着桌面，语气中带着几分担忧与不安。

陆径咬着牙，死死盯着屏幕："俄罗斯大学本就已经是可怕的对手，有了 Sightseer……"他没有说下去，但大家都明白他的意思——俄罗斯大学如今几乎成了不可战胜的对手。

空气仿佛凝滞了，压力像潮水般涌来，三人感到胸口被某种无形的力量紧紧压住。

苏加嘉叹了口气，揉了揉自己的光头，半是自嘲半是沮丧地说道："敌进我退啊……我们还卡在校内选拔，人家已经在为卫冕做准备了。"

"训练时间到了，先别想这些，先练起来吧。"不知是谁提醒了一句，三人收起杂念，回到座位，准备进入今天的集训比赛模式。

然而，林那斯翻开题目时，感觉心情被扰乱了。他盯着英文题面，竟然觉得每个单词都格外陌生。尽管努力去理解，依然不知所云。他不禁喃喃自语："今天的题好像有点怪啊。"

苏加嘉敏锐地察觉到林那斯状态不对，伸手拍了拍他的肩膀："别想 Sightseer 了，出去透透气吧。"

陆径也点头附和，于是三人暂时离开机房，调整心态。

重新返回时，其他队伍已经完成了第一题。林那斯苦笑着说："这可是我们第一次以追赶者的身份参赛。"

三人相视一笑，紧绷的神经松弛了些许。"来吧，让我们马力全开，追上他们！"林那斯振奋精神。陆径和苏加嘉齐声应和："好！"

三人专注投入的样子太帅了！他们分工明确，读题、推导、交流、编程、提交，每一步都精准高效。不一会儿，龙舌兰队便迎头赶上，成功追平题数差距，仅仅因为罚时稍落后其他队伍。

"他们好强啊！"隔壁桌的队伍感叹道，"明明开局让了大家三板斧，这会儿就把这个差距补上了，不愧是最强战队。剩下 1.5 小时，我们得加油多过几题才不会输！"

这番夸赞无意间触动了林那斯的心弦。

"剩下 1.5 小时"——这句话太熟悉了。

他的脑海中不禁浮现出夏威夷世界总决赛的画面——他们信心满满，却在最后的关键时刻眼睁睁看着对手反超夺冠。

那场失败宛如一根刺，深深扎在他的记忆里，时不时刺痛他的神经。

此刻的龙舌兰队三人快速评估当前局势，决定采取齐头并进的战略。他们确定有两道题具备攻克的可能性，苏加嘉率先上机，陆径则负责思考另一道题。按照计划，这应该是稳妥而高效的策略。

然而，事情并没有按计划发展。苏加嘉在编写过程中遇到了细节问题，代码始终无法通过测试用例，反复调试依然找不到问题所在。

看到他逐渐焦虑，林那斯立刻加入，和他一起查找错误。"肯定是某个小地方出了问题，别急，咱们逐行排查。"

此时，陆径的注意力也被吸引过来。他原本专注于另一道题，却在看到队友卡住时，下意识停下了手中的笔。"如果我们现在分头处理，很可能两道题都做不出来……"这个念头如毒藤般缠绕着他。记忆深处的"夏威夷之刺"被再次触发，令人窒息的场景再次浮现：时间一分一秒流逝，三人分头行动，执着于各自解出一道题，结果一道题都没有解出来。

不能再重蹈覆辙了！

陆径咬了咬牙，放下手头的题目，决定加入查错的队伍，想着先把这道题解决好再说。三人聚在一起，一遍遍编译、一遍遍运行，不断推翻假设、重新测试，但错误像顽固的迷雾，始终无法散去。

就在此时，比赛场地另一侧突然传来一阵小小的欢呼声——是另一支队伍成功提交了一道题。

林那斯下意识地看了一眼屏幕上的时间，心脏猛地一沉。

"还剩 20 分钟……"

几分钟后，又一阵欢呼声响起。

"他们两道题都做出来了。"陆径声音低沉，像是在宣布战局结束。屏幕上的实时排名更新，那支队伍成功超越了龙舌兰队。

比赛倒计时进入最后 10 分钟。

5 分钟……

1 分钟……

时间归零。

机房内，比赛结束的提示音响起，排行榜最终定格。龙舌兰队的排名逐渐滑落，最终因罚时劣势跌至五支队伍的末尾。

三人默默对视，眼中满是无奈与失落。良久沉默后，苏加嘉轻叹了一口气，声音低得像是从喉咙深处挤出来："又是这样……我们又在后期被反超了。"

"又是这样。"这四个字像一柄钝刀，划开了他们的心口，让夏威夷那次失利彻底浮上水面。

林那斯低着头，目光落在桌面上，手指不自觉地轻敲着木纹，节奏紊乱且急促，就像他此刻杂乱无章的思绪。他知道，失败的根源不是题目的难度，而是他们的心态与决策。

"又是后期决策出错。"林那斯喃喃自语，声音里满是自责。他复盘比赛中的每一步，几乎可以清晰地看到当时那些犹豫、焦虑、分神的瞬间。

"我们现在太害怕风险，太害怕犯错，结果反而错得更离谱。"苏加嘉叹了口气，苦笑着说道："就像刚才，本来我和陆径可以分头攻克不同的题目，但我们仨却全挤在一道题上。结果不仅没提高效率，还白白浪费了宝贵的时间。"

陆径点点头，低声附和："我也是，刚才明明快要理清思路了，可看到你们卡住，心里也跟着慌了。想着先帮你们解决问题，结果两边都乱了。"

林那斯抬起头，目光从桌面缓缓移到两位队友身上，眼神中满是疲惫与迷茫，声音有些沙哑："我们什么时候变得这么谨小慎微了？"

他的话引来短暂的沉默。三人都低头思索着，仿佛被这句话击中了内心最脆弱的部分。

"是总决赛的失败。"陆径终于开口，声音很轻，却掷地有声。"我们好像被总决赛的失败困住了手脚。"

曾经让他们引以为豪的勇敢与果断，如今却像被什么封印了一般，每一步都小心翼翼，生怕再出错。

"难道，龙舌兰真的只能开一次花吗？"林那斯自言自语，声音低到几乎听不见。

机房里，三人再度陷入沉默。但他们心里都清楚——不能这样下去，他们必须找回曾经的自己。

33 我们不会永远失败

"我们不会永远失败，正如我们不会永远成功。"

——陆径训练小结

龙舌兰队三人沉默不语时，机房外的走廊里，叶老师正盯着屏幕上的训练结果，眉头微微蹙起。最近的龙舌兰队，状态远不如去年稳定，甚至在这次集训比赛中垫底。

叶老师轻轻叹了口气。去年，他们是势如破竹的王牌队伍，所向披靡，几乎无人能敌。他从未怀疑过他们的潜力和能力，但最近几周，他们的状态肉眼可见地下滑——不是技术退步，而是心态开始动摇。

他拿起手机，拨通了林那斯的电话。"林那斯，你带着队员来我办公室一趟，我们需要好好聊一聊。"电话那头沉默了一瞬，紧接着传来林那斯低沉的应答声："好的，叶老师。我们马上过去。"

不一会儿，林那斯带着陆径和苏加嘉走进了叶老师的办公室，三颗光头在灯光下微微泛着光。空气中弥漫着一丝沉闷，刚刚经历了一场史上最糟糕的训练赛，三人脸上的沮丧清晰可见。

叶老师抬头看了他们一眼，目光在三颗光溜溜的脑袋上停顿了一瞬，嘴角微微抿起，似乎忍住了笑意，但最终还是叹了口气："怎么？光头也没能给你们带来好运？"

林那斯扯了扯嘴角，勉强挤出一丝笑："叶老师，看来剃光头只能剃掉头发，剃不掉心里的包袱。"

叶老师没有立刻回应，而是合上笔记本电脑，靠在椅背上，目光沉稳地打量着三人。片刻后，他缓缓开口："告诉我，对于最近的训练，你们怎么看？"

陆径抿了抿嘴唇，似乎在整理语言，半晌才低声说道："题目我们应该都有实力解出来，不是技术层面的问题……是心态。"

"具体来说呢？"叶老师追问。

苏加嘉接过话："训练的时候，我们特别害怕后期被反超，尤其是遇到卡题时。就拿刚才那场比赛来说，最佳策略是我们分头处理不同的题目，但因为担心再像总决赛那样失误，我们三人挤在一块看一道题，反复确认，反而效率更低。"

陆径点点头，接着补充："总决赛的失败让我们变得畏首畏尾。就像刚才，我明明有了解题思路，可一看到苏加嘉卡住，心里就慌了，想着先帮他解决一题，至少保住一点成绩，不至于像总决赛那样，两边都砸。结果本来两道题都有希望做出来，却因为反复确认、迟疑，最后一道也没做出来。"

"所以……"林那斯苦笑着低下头，"主要责任还是在我，作为队长，我没有果断决策，导致队伍犹豫不前。"

叶老师沉思片刻，缓缓开口："你们有没有想过，为什么总决赛的那次失利对你们影响这么大？"

三人沉默了。他们当然想过，可是没有人敢正视这个问题。失败的阴影无处不在，像是心头无法驱散的迷雾。

叶老师没有逼问，只是静静地看着他们，等着他们自己想通。

终于，林那斯抬起头，声音里带着一丝挣扎："因为我们不想再经历那种感受……失败的滋味太难受，尤其是在明明有希望拿下冠军的时候，功亏一篑。"

叶老师点了点头，眼中闪过一丝柔和。他沉声说道："我明白你们的感受。失败并不容易接受，尤其是那种离成功只有一步之遥的失败。但我想告诉你们，从来没有任何一支队伍能够做到永远不败。"

他顿了顿，目光依次扫过三人，接着说："失败不可怕，怕的是你们将失败视为包袱，而不是经验。总决赛的失利并不是你们的结束，而是你们真正成为强者的开始。"

陆径的手指微微颤动了一下，像是触动了什么。他低声问："叶老师，您说得对，可有些东西很难说放下就放下。我们要怎样才能放下这个包袱？"

叶老师轻笑了一声："很简单。首先，你们要改变对失败的看法。失败不是敌人，而是老师。它让你们知道什么地方有待改进，什么地方需要突破。其次，你们要重新找回比赛的乐趣。你们以前打比赛，是因为喜欢挑战，喜欢解决难题，而不是因为害怕输。"

他停顿了一下，继续说道："还有一点，每一场比赛都是独立的，决策也应该是独立的。你们可以参考过去的经验，但不能被过去的失败束缚。决策的最后拍板权确实在队长手上，但决策的基础，是团队成员之间的合作、协调和信任。"

他拍拍林那斯的肩膀，目光深沉又带着期待："今天就说这么多。今后的路该怎么走，还是要靠你们自己去领悟。"

从叶老师办公室出来，夕阳的余晖洒在走廊上，墙壁上映出三人长长的影子。走了一段路，林那斯忽然开口："我们要不要换个队名？感觉'龙舌兰'有点不太吉利。"

陆径一愣，转头看向林那斯："为什么突然这么想？"

林那斯沉吟片刻，提起了时悦曾经对他们说过的话："龙舌兰是一种一生只开一次花的植物，花开过后，生命就进入尾声。"

空气顿时安静下来，三人脚步放缓，仿佛都在思索着这个名字是否真的暗示了他们的困境。"这么说……确实有点巧。"苏加嘉轻轻叹了口气，"我们以前拿冠军太顺利了，一年里三次夺冠，结果折在了总决赛，是不是'花'已经开完了？"

接下来几天，三人一直琢磨换队名的事，甚至煞有其事地列了候选名单，但总觉得都不合适。这天，时悦和陆宁来到机房，看到他们正在绞尽脑汁想新队名，不由得扑哧一笑："你们干吗呢，连名字都要改？"

林那斯苦笑着解释了一番，时悦听完没多说，只是拉着他说："正好今天没有集训比赛，跟我们去一趟植物园吧。"

"植物园？"苏加嘉疑惑，"怎么心血来潮要去那儿？"

时悦神秘一笑："有很了不起的东西要给你们看。"

陆宁在旁边附和："去了就知道了。"

林那斯向来听时悦的，陆径在陆宁面前更是没有什么发言权，于是三人也就没再犹豫，一行人出现在了植物园。

阳光透过高大的热带植物枝叶洒在地上，空气中弥漫着湿润的泥土气息。时悦领着他们走进热带植物馆，穿过一片片繁茂的绿色植物，最终在一株巨大的植物前停下。

"你们看。"她轻声说道，抬头示意。

三人顺着她的目光望去，顿时被眼前的景象震撼得说不出话来——

眼前的植物如同大地孕育出的奇观。巨大粗壮的花序从植株中心拔地而起，高达十米，高高直立，密密麻麻地布满了成千上万朵小花，每一朵都小巧精致，犹如星辰点缀在银河之中。

花序四周的绿叶宽大而厚实，像一片片撑开的翡翠巨伞，围绕着中心的花序，又好像一群守护王者的卫士。巨大的叶片边缘带着锋利的锯齿，仿佛昭示着这份美丽背后隐藏的强韧与不屈。

"这是龙舌兰？"苏加嘉目瞪口呆，"我们只在网上见过照片，从来没想过能看到真的。"

时悦点头："是的，这是正在开花的龙舌兰。我看到植物园发布消息，说它开花了，就想着带你们来看看。因为龙舌兰开花真的很难得，一生只开一次，可能几十年才等来这一场盛放。"

三人站在花序前，久久没有说话。那壮观的花序仿佛带着某种力量，让人不由得屏息凝视。

林那斯目光始终停留在那株正在盛放的龙舌兰上，轻声问："所以……龙舌兰开花，真的是它生命走到尽头的象征吗？"

时悦望着那株龙舌兰，嘴角扬起笑意："是啊，但可能不是你们理解的'尽头'。龙舌兰为了绽放，会积聚几十年甚至更久的能量。它把根、茎、叶所有的养分都集中到花序里，只为绽放出最绚烂的花朵。"

她停顿了一下，回头看向三人，眼神中闪烁着某种意味深长的光："可你们知道吗？龙舌兰开花后，母株虽然会枯萎，但在根部或周围，通常会长出许多新芽，延续生命。它的盛放不是终结，而是新的开始。"

这句话，让三人心中猛地一震。

"你们之前拿过的那些冠军，怎么能配得上这么绚烂的盛放呢？"时悦轻轻地笑，"那些冠军不过是你们一路积累的能量而已。你们不是还能再参加一次总决赛吗？正好，真正的盛放，本就是积聚所有力量，去完成最灿烂的绽放。这难道不是最符合你们队的精神吗？"

陆径怔住了，眼中浮现出某种突然开窍般的明悟："所以，我们并不是'花已经开完了'，而是我们还在积累，等待那个最重要的时刻……"

"对。"时悦点头，语气里带着一份笃定的信念，"那些过去的冠军，不过是路上的风景和成长中的积累。真正属于你们的盛放，还没到呢。"

林那斯喉咙发紧，眼眶有些发热。他望着那株绚烂的龙舌兰，心里不由自主地涌起一股热流，是啊，他们怎么能因为一次失败就放弃？这不正是他们踏上赛场的意义所在吗？所有的积累和失败，都是为了最重要的那一次——那场足以让所有人铭记的巅峰对决蓄力。

苏加嘉嘴角带着一丝笑："说得对，我们还在开花的路上，怎能自暴自弃？"

陆径的斗志也被点燃，他轻轻握了握拳头："一定要让我们的龙舌兰有最盛大、最绚烂的绽放。"

林那斯转头看向时悦，目光中带着感激与坚定："谢谢你。你又一次让我想通了。"

时悦轻轻拍了拍他的肩膀："不用谢我。你们本来就不应该怀疑自己。"

陆宁在一旁调侃："不过你们要是想换名字，我可不反对啊，你们可以考虑叫'无敌光头战队'，听起来也挺霸气。"

三人笑出了声，这一刻，那股沉闷的压抑终于彻底散去，仿佛过去这段时间里困扰他们的一切，都随风消散了。

林那斯摇了摇头："不用换了。我们就是龙舌兰，真正属于我们的灿烂还在前面呢。"

"既然队名不改，那也不用纠结了，晚上一起去吃点好吃的？"陆宁提议，语气轻快，仿佛整个世界都重新明亮起来。

"好啊，去老地方吃烧烤还是火锅？"时悦笑着问。

"一次性安排两个！"林那斯爽朗地大笑，一边开玩笑，一边勾住陆径和苏加嘉的肩膀，三人步伐坚定地向前走去，仿佛所有阴霾都被甩在了身后。

而在他们的背后，那株高大壮丽的龙舌兰，依旧在阳光下熠熠生辉，仿佛在无声地祝福着他们——每一株龙舌兰都会迎来属于自己的绽放，而他们，也终将在未来，迎来属于自己的最辉煌一刻。

第五篇
天赋之外：汗水铸就传奇

34 调整与提升

"除了硬实力，队伍中的软实力和沟通同样至关重要。每支队伍都有自己的特点，每位队员也有各自的优势与习惯。只有通过有效的沟通和默契的配合，才能在彼此之间建立深度信任。当一道题遇到困难时，放心地将题目交给队友查错，自己不被束缚，果断开新题——这是信任；当负责的题目卡住，能如实、及时地向队友求助，而不是一味死磕——这同样是信任。唯有这样的信任，才能让队长在比赛中做到指挥清晰、决策果断，整支队伍才能步调一致，真正发挥出团队的最大潜力。"

——苏加嘉训练小结

"调整"，是龙舌兰队伍眼下最重要的任务。

最近，林那斯、陆径和苏加嘉一直在围绕如何提升队伍的整体表现展开讨论，他们反思失败、剖析漏洞，探索更高效的训练策略和比赛应对方案。每次训练结束，三人便围坐在一起，逐一复盘当天的表现，不放过任何细节，一遍遍拆解问题，寻找突破口。

"作为队长，我会努力提升自己查打印出来的代码的能力。"林那斯率先提出改进计划，"这样一来，你们两个可以专注上机，不需要频繁中断去查错，提高整体效率。"

他停顿了一下，目光在陆径和苏加嘉身上扫过，补充道："同时，你们一定要对我的查错能力有信心，信任我，心无旁骛地去做其他题目。不要总想着'是不是哪里出问题了'，要全力以赴攻克新题。"

陆径点头表示认同："这是个好主意。但不仅如此，你俩也得提升应对怪题、偏题的能力。万一比赛中出现比较冷门或者不常见的题型，不能只寄希望在我一个人身上，必须形成多点突破。"

他顿了顿，语气中多了几分慎重："最近训练有几次我们卡住，都是因为太依赖我一个人解决难题，一旦我被难题绊住，整个队伍的节奏也就乱了。合理的团队分工和多点支撑才是关键。"

苏加嘉低头沉思片刻，随即抬头补充："还有一点——决策和心态的调整，林那斯，你作为队长，该拍板的时候就果断拍板，该调整的时候就立即调整，该批评的时候也不要犹豫。我们都知道你性格温和，但有些时候，该强硬就得强硬，不用太顾忌我们的感受。"

陆径赞同地点头："比赛中，我们宁可被你骂几句，也比错失机会更好。"

"好的，没问题，那说好了，"林那斯看着陆径和苏加嘉，"你们两个如果在限定时间内啃不下题目，一定要尽快如实和我沟通，别自己硬扛。"

讨论逐渐深入，三人对话越来越直接，甚至不时带着些"刺耳"的批评，但他们都清楚，这正是龙舌兰队需要的——坦诚面对，直击痛点，方能实现真正的突破。

至此，龙舌兰队的调整告一段落。新的策略、新的方向，以及彼此间更加紧密的信任，像一块块拼图被完整地拼合在一起。经历过反思与磨合，他们不再是那支被总决赛失利束缚手脚的队伍，而是重新找回勇气和目标的战斗集体。

调整以后的训练重点应该放在哪里？林那斯作为队长，一直在思考这个问题。他心里已经有了答案。

难得的周末，龙舌兰队暂时放下高强度的训练，享受片刻悠闲。但林那斯没有选择去放松，而是独自一人来到机房。机房内一片安静，只有键盘的敲击声轻轻回荡着。林那斯坐在角落的椅子上，窗外的阳光透过百叶窗，斜斜地洒进来，在他面前铺开一层温暖的光晕。他的笔记本电脑开着，屏幕上是叶老师要求提交的训练计划文档。光标在屏幕上闪烁，仿佛在等待他最终的决定。他的手指轻轻敲击键盘，有节奏地一下接一下，像是在反复推敲每一个细节，也像是在敲定龙舌兰队未来的方向。

"我认为，我们队现在最主要的问题，或者说与国际顶尖队伍最大的差距，并不是我们的算法写错了，也不是写代码速度慢。事实上，我认为龙舌兰队的代码能力已经达到世界级水平，只要调整好心态，任意两人上机协作，进度上都绝对不输任何队伍。真正的问题在于 —— 有些题目我们不会做，或者需要花费大量时间和精力才能想出解法，而顶尖队伍可能瞬间就能抓住关键点。

在国内或校内的比赛中，我们队的想题能力确实占有优势，但与欧洲强队相比，依然存在明显差距。尤其是在世界总决赛这种舞台上，会有像 Sightseer 这种级别的选手，他们不仅速度快，而且思路极其敏捷。

所以，我认为我们需要的不只是提高熟练度和正确率，更关键的是让每个队员的核心能力有质的提升。如果把写代码比作武林高手的剑术，快、准、狠固然重要，但真正决定胜负的往往是内力。而在算法竞赛中，所谓的‘内力’，就是分析问题、思考问题、解决问题的能力，也就是我们常说的想算法的能力。只有这项核心能力提升了，我们才能在世界级舞台上与真正的强者抗衡。”

叶老师看了林那斯的训练计划，不仅深表赞同，更感到惊喜。他发现，这支队伍正悄然发生蜕变，他们不再只是机械地训练，也不再只是单纯地关注通过的题目数量，而是开始真正地思考，如何成为更强大的队伍。

于是，“提升”成为龙舌兰队的新目标。

“我们需要一份难题清单。”林那斯抬头看向陆径和苏加嘉，目光坚定。

“难题清单？”苏加嘉有些好奇。

“对，就是那种通过人数特别少的题目，”林那斯在白板上写下几个关键数字，“比如题库里全世界通过总人数少于 50 的题，我们要逐个攻克。”

“这想法听着不错，”陆径点头表示赞同，“要么先试试。”

接下来的几天，三人埋头攻克清单上整理出来的难题。每道题，他们都投入极大的精力，试图找到更好更稳定的解法。

“这道题虽然通过人数少，但原因是它才被加到题库里没几天。其实它数据范围太小，暴力解就能过，没啥意思。”苏加嘉看着屏幕，摇了摇头，“我们是不是在浪费时间？”

“还有这道题，”陆径扫了一眼解法，“通过人数少是因为题目太冷门，跟我们的目标根本不沾边。”

林那斯叹了口气："看来我们需要更有针对性的题库。"

三人不约而同想到了顾韵。虽在海外实习，但作为学生教练的她仍时常在线上出现，为他们出谋划策。视频通话接通，顾韵的身影出现在屏幕上，背后是她的办公桌。听完三人讲述的情况后，她眼中闪过一丝赞许，但很快抬手做了个暂停的手势。

"等一下。你们的思路不错，但这个清单要是瞎刷的话，效率会低到离谱。"

"我们也发现了这个问题。"林那斯挠了挠头，苦笑道，"选出来的'难题'，做了一大半都觉得没什么用。"

"没事，这正好是我的领域。我会远程召集其他学生教练，加入你们的备战过程，我们来帮你们精细化整理。"

一周后，顾韵通过邮件发来了全新的题目清单。

"这是我们好几个学生教练一起筛选的，你们需要的不是难度虚高的题，而是能真正提高你们想法深度的题。有些看似冷门的题，我们也去掉了，如果解法过于偏门，对总决赛帮助不大，没有必要浪费时间。按照难度、题型、有趣程度，我们把整个题库切割成几类。每一类都是为你们量身定制的，希望能大幅提升你们的训练效率。"

林那斯浏览着邮件中的清单，眼中渐渐浮现出一丝兴奋："顾韵就是厉害，这样一来，我们刷题再也不会那么被动了。"

"更重要的是，这种筛选出来的题，做完以后能力一定有质的提升。"苏加嘉也感慨道，"不用再被那些无聊的题折磨了。"

陆径看着屏幕上闪烁的光标，轻轻点头："好，那我们就按照这个清单，一题一题解决，真正打磨我们的思维深度和思考能力。"

有了顾韵精心整理的题目清单，龙舌兰队的训练强度和质量都迎来了飞跃。他们不再浪费时间在无意义的题目上，而是集中精力攻克真正有挑战、有价值的难题。然而，即便如此，仍有一些题目如同高山般横亘在他们面前，难以逾越。

"这题根本找不到突破口。"苏加嘉放下手中的笔，靠在椅背上叹了口气，"我们是不是钻进死胡同了？"

陆径凝视着草稿纸上写满的公式和推导，眉头微蹙："确实。所有常规思路都试过了，但还是没有进展。"

林那斯沉默片刻后，果断下结论："不能再死磕了，直接找外援，求助高手。"

于是，三人开始求助于外部资源。请教学生教练，联系毕业的学长学姐，召集曾经在国际赛场上叱咤风云的前辈，共同攻关难题。起初，讨论仅限于零散的线下交流，后来逐渐演变成一个活跃的邮件列表，其中聚集了许多拥有丰富解题经验的资深选手，他们每个人的名字背后，都有一段辉煌的竞赛历史。

某天，三人遇到一道涉及组合数学和动态规划的难题。题目看似简单，实则复杂无比。三人为此连续几天茶饭不思，尝试了无数种思路，却始终未能得到正确答案。

"这题太难了，感觉哪儿都不对劲。"苏加嘉抓着头发，沮丧地说道。

"我们发邮件求助吧，"林那斯提议，"把我们所有的尝试和困惑都写清楚。"

三人迅速行动，向邮件列表发出了一封内容详细的求助信。

不到一个小时，邮件列表里就热闹起来，讨论氛围异常高涨。

"你看！李哥回复了。"苏加嘉兴奋地指着屏幕，"他说我们初步尝试中有一个关键漏洞，状态转移时少考虑了一类边界情况。"

"这条回复也很重要，"林那斯滑动鼠标，指着另一封邮件，"有人分享了他们处理类似问题的经验——在构造状态时要特别注意对称性。"

陆径扫了一眼新收到的邮件，忽然愣住了："你们看这个，英文的。"

三人凑近屏幕，邮件中详细描述了一种从矩阵角度切入的解法，配以公式推导和图示，甚至出现了一些他们从未见过的概念。

苏加嘉念出邮件的署名："Z.Liang……这是谁？"

"等一下，这个名字有点眼熟。"林那斯一拍额头，突然记起什么似的，"是叶老师第一届的学生！后来他去读了组合数学的博士。"

"怪不得解法这么专业……高手就是高手。"陆径眼中闪过一丝佩服，"他博士导师研究的领域，正好是这个题目的核心方向。"

三人恶补了相关知识后，很快理解了大佬的思路，并尝试用矩阵行列式解决问题。

林那斯运行代码，当看到屏幕上跳出的"Accepted"提示时，他兴奋地从椅子上跳了起来，大喊："成功了！我们终于把这题解决了！太巧妙了！"

苏加嘉忍不住拍了拍桌子："原来解法这么优雅，根本就不需要动态规划。"

陆径感慨道："这就是高手的眼界，能一眼看穿我们绕不过去的墙。"

林那斯深吸了一口气，嘴角浮现出坚定的笑意："没关系，现在有人能带领我们跨过这堵墙。"

此刻，叶老师的那句话浮现在三人脑海中——

"创新班，聚是一团火，散是满天星。"

他们终于明白，这句话的深意正是对眼前局面的写照，无数闪耀的前辈，分布在世界各地，在关键时刻汇聚，为他们照亮通往胜利的道路。

35 蛰 伏

"因缘际会，我也算是和 Sightseer 成了朋友。我问他上大学之前练过多少道题目，他回答说至少练习过 2 万多道题。我很吃惊，大学之前，我大概只练习过 5 千多道题。人们总以为，Sightseer 和我是所谓的天赋型选手，但其实，天赋之外，还需要付出无数努力。就像我们的队伍，外人眼里，我们是天赋异禀的完美组合，但只有我们自己清楚，走到今天，背后付出了多少艰辛，经历了多少次失败与反复的磨砺。天赋可以让我们起步更快，但真正的成长，依靠的始终是那份持续不断的努力。"

——陆径训练小结

在顾韵、其他学生教练以及创新班前辈的帮助下，龙舌兰三人组的解题能力在持续训练和总结中稳步提升。同时，他们也逐渐意识到，团队协作同样至关重要。

"一个小 bug，可能拖垮整场比赛的节奏。"林那斯在一次复盘时郑重说道。为了避免这种情况，他们决定加强团队配合，优化查错和任务分配的流程。

特别是林那斯，作为队长，他需要对两位队友的代码查错更高效、更精准，确保他们可以心无旁骛地专注于新题的推进。

"如果有问题，希望你们能完全信任我，让我来查错。"林那斯在训练总结会上认真地说道，"但是我也明白，自己写的代码被卡住，交给别人来查错，心里总是会放不下。"

苏加嘉点点头，若有所思："是啊，自己没完成的代码交给别人，心里难免会惦记着。"

"所以，我们有必要建立一个明确的查错机制。"林那斯停顿了一下，接着说，"当代码出现问题时，写代码的那个人先自己查错一次，如果还解决不了，就要彻底交给我处理，不仅是代码交给我，在心理上也要完全放下。"

陆径挑眉："这个机制很合理，就是我不敢保证一定能做到。"

林那斯笑了笑，"这就是我的责任。我需要让你们有信任我的理由。我要通过训练提升自己的查错能力，确保在比赛中你们能放心地把问题交给我，而不会因为拖着未解的 bug 影响节奏。"

"你负责后方清扫，我们就能安心冲锋。"苏加嘉顿悟，眼中闪过一丝轻松，"确实，这样大家的压力都会小很多。"

"对，"陆径也点头道，"你保证查错效率，我们就能专注于更大的突破。"

三人默契地对视了一眼，林那斯微微一笑："那就从这次开始，正式建立查错机制，下一次上赛场时，你们就不需要再回头——只管向前冲。"

队长的查错能力并非一蹴而就，而是需要系统的训练和团队配合。经过商议，三人决定从最基础的部分入手，首先统一代码风格，为团队的高效协作打下坚实的基础。

"如果查错时还得花时间去猜变量的意义，那效率就太低了。"林那斯率先提出这个痛点，"我们需要制定一份详细的代码规范。"

很快，他们制定了一份龙舌兰队专属代码规范清单：

（1）变量命名必须意义明晰：除了简单的循环变量可以用 i、j、k，其余变量必须采用完整的单词描述功能，避免使用模糊的缩写，确保代码可读性。

（2）代码块格式统一：大括号、小括号的用法统一，无论是 if 语句还是 for 循环，所有代码块都必须清晰、规范地书写，不能有"简写"或"省略"。

（3）代码排版整洁：代码排版保持整洁，空行、缩进、注释等细节一律标准化，避免查错时因为排版混乱而浪费时间。

"这样不仅能让林那斯查错更高效，"陆径翻阅着他们制定的规范，满意地点头，"更重要的是，我们能提前养成顶尖互联网团队的开发习惯。我看过很多顶尖科技公司的代码规范文档，基本上我们现在的标准，就是一个迷你版的工程级规范。"

在不断提升自己的过程中，林那斯特意找个机会在 QQ 上向顾韵请教："以前的集训队里有没有查错能力特别强的前辈？我想找个高手请教一下。"

顾韵很快回复："有一个学长特别合适。他的查错能力堪称无敌，听说不管谁的代码卡住了，他上手十几分钟之内大概率就能搞定。而且听说他的查错方法特别有逻辑。他毕业后进了顶尖互联网公司，在项目组里依然是'救火队员'。你跟他聊聊，肯定会有收获。"

通过顾韵引荐，林那斯很快联系上这位学长。视频通话中，学长穿着简单的 T 恤，推了推眼镜，语气温和但充满自信。"查错时，千万别一上来就盯着别人的代码看。"学长开口说道，"否则你很容易被对方的思维限制，陷入他们的逻辑盲区。"

"那应该怎么做？"林那斯认真地请教。

"别急着读代码，先试着在脑海里构建一份'理想实现'。"学长继续道，"换句话说，假如这道题是你自己来写，你会怎么设计算法？这一步可以帮你形成一个清晰的预期模型。"

他顿了顿，强调道："接下来，再结合你对编写者编程风格的了解，推测他可能会采用哪些实现方式。最后，重点关注那些和你预期不符的地方，往往bug 就藏在那里。"

"先构建一个自己的预期，再用它去引导查错，找出异常点？"林那斯若有所思，"这个方法确实比从头到尾读代码要高效得多。"

学长笑了笑："没错。而且，大部分代码的错误并不在核心逻辑上，而是在细节上，比如边界处理、变量更新、特殊情况判断等。这种方法能让你迅速锁定可能的错误区域，提高查错效率。"

林那斯将这些方法迅速融会贯通，并在日常训练中反复实践。他本就对队友的代码风格十分熟悉，如今，每次查错前，他都会先在脑海里构建"理想解"，再去验证和分析队友的实现方式。凭借这一策略，他的查错效率有了飞跃性的提升。

有一次，苏加嘉的动态规划代码运行时出错，林那斯接手后，仅花了 5 分钟就定位到一处边界条件的错误。

"你是怎么做到这么快发现的？"苏加嘉好奇地问。

"我知道你习惯在初始化时省略一些默认值，"林那斯笑着解释，"但我自己的习惯是写全。当我看到和我预期不一样的地方，就猜测到这里可能有问题。"

"太厉害了！"苏加嘉感叹，"现在你查错越来越像福尔摩斯了。"

陆径调侃："这下我们应该都可以十分放心地把代码查错交给你了。"

林那斯笑着拍了拍他的肩膀："我就是要确保无论什么时候，我都能查出问题，这样你们就能放心冲锋。"

林那斯心中暗自感慨，学长传授的这套方法，不仅让他的查错能力越发精准，也让整个队伍在关键时刻更加稳定。正如学长说的："查错能力，不仅是队伍中的'安全网'，更是队长的责任和赢得信任的基础。"

就这样，龙舌兰队的解题能力、配合、信任和默契在日复一日的高强度训练中稳步提升，但他们依然能感受到与世界顶尖选手之间的差距。

一次 Topcoder 的个人线上比赛，Sightseer 展现出的冷静与高效再次让三人深感震撼。

"他只用了半个小时，就把那道高难度组合数学题做完了。"苏加嘉盯着屏幕上的排行榜，眼中满是敬佩与无奈，"这家伙是个怪物，几乎无懈可击。"

陆径沉默不语，脑海中浮现出比赛时 Sightseer 一气呵成的代码和从容自若的神情。他知道，那种极致的冷静背后，是常人难以企及的深厚积累。

林那斯一改平时的玩笑语气，眼神坚定："他是强，但并非不可战胜。只要我们努力，就一定能追赶上他。"

苏加嘉点头："是啊，Sightseer 也不是一出生就无敌。他能做到的，我们也可以。"

经过一番讨论，三人做出了一个大胆而理性的决定：暂时放弃参加当年的世界总决赛，集中精力陪二队训练，为未来蓄力。

"你们确定？"叶老师在办公室里，听到他们的决定时微微皱眉。

"确定。"林那斯语气坚定，"每个人一生只能参加两次世界总决赛，而对我们来说，下一次将是最后的机会。我们想为那一次做最充分的准备。"

"陪二队训练，一方面是帮助他们成长，另一方面也是对我们的磨炼。"陆径补充道，"换一个视角来看待比赛，我们可以从不同的角度审视题目，进一步加深思考深度。"

叶老师沉思片刻后，露出赞许的笑容："好，我支持你们。"

陪二队训练的日子，对龙舌兰队来说既是挑战，也收获颇丰。他们不仅要帮助二队提升技术水平，还需要应对各种"非典型"思路带来的新问题。有时二队提出的问题反倒能让三人重新审视自己的解法，找到新的突破口。

"有些题目，二队的思路虽然有些跳脱，但偶尔也能给我们一些启发。"苏加嘉说。

林那斯笑了笑："这就是陪练的好处，我们不仅是在教，也是在学。"

没有了世界总决赛的时间压力，除了陪二队训练，三人还回过头把之前学生教练剔除的一些冷门题库重新整理了一遍，逐题训练。这些冷门题目虽然不一定会直接出现在比赛中，但每一道都能让他们触碰到思维的极限。

大二的暑假，龙舌兰队三人以观察团的身份陪伴二队前往世界总决赛。

比赛当天，全球的目光都聚焦在俄罗斯大学队的核心选手 Sightseer 身上。虽然这是他第一次参加世界总决赛，但 Sightseer 久经沙场，早已在国际赛场上名声大噪。从经典的 Topcoder 到刚兴起的 Codeforces，再到各大国际算法比赛，他的每一次登场都能掀起惊涛骇浪。这次总决赛的赛场上，他的表现也没有让人失望——冷静、迅速、精准。

当其他队伍在复杂的几何题和动态规划题中举步维艰时，Sightseer 已经迅速理清思路，精准编写代码，一次提交就斩获一血。毫无悬念，Sightseer 凭借无与伦比的个人实力和团队协作能力，带领俄罗斯大学队以绝对优势斩获冠军，当大屏幕上出现最终的比赛结果时，全场所有人的目光都不由自主地停留在那个年轻而自信的身影上。

赛后，观众渐渐散去，但 Sightseer 并没有立刻离开，他在人群中一眼就认出了龙舌兰队三人，目光淡定而锐利，径直朝他们走来。

"I knew you, Lu Jing, runningb0y. You beat me once in the Topcoder Open two years ago."

陆径微微一愣，但很快嘴角扬起，露出一丝淡淡的笑意："I remember that one. But I didn't expect you remember me."

Sightseer 轻笑了一下，目光扫过林那斯和苏加嘉，语气轻松却带着几分好奇："And I also knew you guys. Why didn't you participate in this year's world final? I was looking for a chance to beat runningb0y."

三人对视了一眼，忍不住大笑。林那斯坚定地回应："We will be there next year."

Sightseer 微微眯起眼睛，笑容中多了几分战意："Nice. I'm looking forward to that. But be ready, runningb0y, let's battle."

龙舌兰与 Sightseer，就这样定下了下一年世界总决赛一决高下的约定。

Sightseer 的身影渐渐消失在人群中，三人依旧站在原地，久久没有说话。

"Sightseer 确实厉害，"陆径的声音打破了沉默，"但我们不会永远屈居其后。"

"我们相信。"

林那斯和苏加嘉静静地看向陆径，眼里写满了相同的信念。这不仅仅是对 Sightseer 的应战，更是他们对自己的承诺。

此刻，三人心中燃起的，不只是对胜利的渴望，更是对巅峰对决的期待。他们知道，未来的路不会平坦，但只要并肩作战，就一定能踏上世界的顶峰。

而他们，必将为那一天——倾尽全力。

36 国内谢幕之战

"这次比赛，我们遇到了题意模糊的题目，经过几次提交和查错仍未通过，心里难免有些焦急。但回顾整场比赛，我认为我们的表现依然值得肯定。

首先，我们始终保持合理的质疑精神。在充分信任自己的代码的前提下，我们开始思考问题是否出在题目本身，并第一时间尝试与裁判长沟通，尽管未能得到有效回应，但我们并未因此陷入无谓的情绪波动。

其次，我们稳住了心态。题意不清对所有参赛队伍来说都是一样的，这意味着客观上仍然是公平的。如果我们因不确定性而自乱阵脚，那才是真正的失败。

最后，我们进行了冷静而高效的团队讨论。题目是人出的，就可能存在模糊或不严谨之处。但只要换个角度，试着去理解出题人的思路，就一定能找到突破口。最重要的是，我们没有被外界干扰，而是始终专注于比赛本身，确保团队节奏稳定，整体策略不受影响。我们，正一步步向更成熟的队伍迈进。"

——苏加嘉江宁赛区小结

时间来到大三，龙舌兰队的日常依旧是训练、比赛、再训练。

机房的灯光从清晨亮到深夜，白板上密密麻麻写满推导公式，屏幕前的指尖飞速敲击着键盘，一行行代码化作他们冲击巅峰的坚实阶梯。

他们的实力在日复一日的积累中不断提升，三人在国际算法竞赛平台Topcoder上的排名也稳步攀升。Sightseer依然稳坐第一宝座，但陆径和林那斯已杀入前十，苏加嘉也站稳前二十。

俄罗斯大学队依然是实力最强的队伍，但此刻的龙舌兰队，已经不再只是一支"有潜力的中国队伍"。他们的名字频繁被国际选手提起，成为俄罗斯大学最强有力的挑战者。

江宁赛区，是龙舌兰队的最后一场国内区域赛。江宁之战后，他们将前往其他亚洲区域赛交流，随后迎来真正的终极考验——世界总决赛。

晋级资格对他们而言早已不在话下，但这场比赛意义非凡，这不仅是一次常规的区域赛，更是他们在国内赛场的谢幕之战。三人虽未言明，却都比以往更加专注。他们要用最完美的表现，为国内赛场画上一个无憾的句号。

龙舌兰队原本以为这次江宁赛区的夺冠不会有太大压力，毕竟最强的国内竞争对手清北大学队，此次作为江宁赛区的出题方，并没有派队伍参赛。然而，千算万算，却没想到本场比赛最大的挑战，竟然不是来自对手，而是一道题意极为模糊的题目。

比赛开始后，三人很快进入状态，一路稳扎稳打地推进题目。可当林那斯处理到 C 题时，眉头不由自主地皱了起来。这道题目乍看之下是个简单题，但题面措辞却让人摸不着头脑，尤其是两个关键细节的表述模棱两可：一个点如果落在三角形的边上，是否算在三角形"内部"？当三个点共线时，是否仍然构成一个"有效"的三角形？

"先看看样例怎么说。"林那斯快速翻阅题目，希望样例能覆盖这些特殊情况，给出明确的暗示。然而，这次的样例极不"给力"，完全没有涉及任何边界情况，无法提供有价值的信息。

林那斯沉思片刻，按照几何习惯来看——"点在边上不算在三角形内部，三点共线不构成三角形"，这应该是最合理的假设，他看向队友，"你们觉得呢？"

"我也这么认为。"苏加嘉点头。

"有道理，按照这个思路写吧。"陆径同意，三人随即敲定方案，陆径编写代码后提交。

Wrong Answer。

陆径无奈地摇了摇头，叹了口气，自觉地做了 5 个俯卧撑——这是龙舌兰队这一年多来建立的"惩罚机制"，每次提交错误，就通过运动放松大脑，以保持冷静和专注。他重新调整姿势，迅速起身："我继续推进新题，林那斯，查错交给你。"

林那斯点点头，他将陆径的代码打印出来，开始排查。不一会儿，他发现代码可能存在细微的计算精度问题，小心翼翼地修正后，再次提交。

Wrong Answer。

林那斯皱眉，自罚 5 个俯卧撑，然后继续查错。他反复检查代码，却始终找不到新的问题，而且无论怎么看，逻辑上都没有任何明显错误。

龙舌兰队的比赛进度，就这样意外地被困住了。最麻烦的是，他们甚至不确定问题究竟出在哪里。

"问题会不会出在题意理解上？"林那斯的心中警铃大作，他重新翻阅题面，试图找到更明确的解释，但无论怎么看，那两个关键问题仍然模棱两可。

"莫非出题人对三角形的定义有些反常识？"他心中暗想。

如果是这样，那他们的代码就不是错在实现，而是错在理解。或许，他们需要反向思考，从出题人的角度去寻找答案。为了求证自己的猜测，林那斯决定利用比赛系统向裁判长提问。他反复斟酌措辞，谨慎地输入了一条既谦逊又精准的问题："What is the definition of the triangle in Problem C?"

发送，短暂的等待后，系统弹出裁判长的回复："Don't you know what a triangle is?"简短、敷衍，甚至带着几分讽刺。

林那斯愣住了，嘴角微微抽搐。这算什么回答？！他一时间不知道该哭还是该笑，甚至有那么一刹那，他想冲进裁判室，当面理论一番。但他清楚，他不能这样做。这是比赛，不是辩论赛。

林那斯努力让自己冷静下来，他抬头看了一眼排行榜，果然，C 题的通过率还不到 30%。对于这样一个本应前期突破的简单题，这个通过率低得异常，30% 的正确率也和四种题意理解高度吻合，毕竟四选一蒙对的概率也就 25%。这说明大多数队伍都在这道题上遇到了相似的困境，也进一步验证了他的判断——问题不在代码，而在题意本身。

"题目歧义对所有队伍来说都是一样的，并不会对我们造成额外的不利。"林那斯深吸一口气，在心里告诫自己。

既然规则如此，那他们唯一能做的，就是在现有规则下找到最优解。

意识到这一点后，趁着苏加嘉上机推进其他题目，林那斯当即让陆径暂停算法思考，将自己分析出的 C 题四种可能题意和裁判长那番带着嘲讽意味的回复告诉了他。

"这裁判长什么意思？就不能给个明确点的定义吗？"陆径眉头紧锁，显然有些气愤。

"别生气，我们要的是解法，不是发泄情绪。"林那斯安抚陆径，"现在有四种可能符合 C 题的理解，试过一种没通过，那就还剩三种。"他看着陆径，嘴角微微扬起，"我们按照三种情况各写一版代码，尝试提交三个版本，总有一个能通过。"

两人迅速梳理另外三种符合题意的情况，调整代码，尝试提交三个不同版本。

第一版提交后，仍然是 Wrong Answer。他们没有犹豫，迅速提交第二个版本。紧张的等待后，第二个版本成功通过！林那斯松了口气，虽然多走了一些弯路，但他们已经用最稳妥的方法规避了这道题的歧义陷阱。

随后的比赛，龙舌兰队迅速找回节奏。

除了林那斯在查错时，发现陆径误将 (x[0] == x[1] && y[0] == y[1]) 写成了 (x[0] == y[0] && x[1] == y[1]) 的 bug，其他所有题目都是一次提交就通过。

一只只气球飘起，龙舌兰队在排行榜上遥遥领先，最终以绝对优势夺得冠军。

比赛结束后，裁判长意外地主动走了过来，眉头微微皱起，语气中带着一丝疑惑："三角形的定义还能有什么歧义？"

林那斯看着他，忍不住笑了："当然有歧义了！"

尽管比赛过程中裁判长的态度让人有些无奈，但此刻，林那斯并没有心生芥蒂，而是耐心地讲解。他用简洁清晰的逻辑详细分析了题目描述中容易引发误解的点，并列举了几种不同的数学定义，让裁判长直观地理解问题所在。

裁判长听完若有所思，最终点了点头，坦率地承认道："看来是我出题不够严谨，还得向你们学习。确实，这次比赛很多队伍在这题上都被折腾得够呛。"

比赛结束，回到宾馆后，三人和叶老师围坐在桌前，一边吃晚饭，一边复盘比赛。桌上摆着热腾腾的饭菜，空气里弥漫着淡淡的茶香，所有人的心情都轻松了许多。

叶老师端起茶杯，轻轻抿了一口，率先开口："你们今天的表现很不错。说实话，如果这道 C 题是你们大一的时候遇到，估计会卡很久吧？"

"那是肯定的，"苏加嘉点头，放下手里的筷子，"以前遇到这种情况，我们可能会一遍遍改代码，不断怀疑自己写错，甚至推倒重写代码，最后影响整体节奏。"

林那斯笑了笑，回忆起比赛中的决策，补充道："但今天，我们在对自己的代码和查错能力有足够信心的前提下，选择了合理质疑题目本身，并果断采取最优策略，直接覆盖所有可能的题意，确保不管出题人的意图如何，我们都能拿下这道题。即便题意模糊，我们也不会被困住。"

叶老师欣慰地点点头，目光扫过眼前的三人，眼神里满是认可。这场谢幕之战，比的不仅是算法能力，更是临场应变的能力和心理素质。两年前的龙舌兰队，或许会在这样的题目上浪费太多时间，甚至陷入焦躁和埋怨之中。而现在，他们已经学会了如何在困境中保持冷静，如何调整策略，如何最大化团队效率。即便是面对歧义重重的题目，依然能够用理性和策略找到解决方案。

江宁赛区的胜利，既是他们在国内赛场的完美谢幕，也是他们成长和蜕变的有力见证。

37 达卡赛区传说

"队长既是一支队伍的大脑，也是定海神针。不能期待每一场比赛的条件都是完美的——题型可能不擅长，队员可能不在状态。在这种情况下，队长必须冷静、审时度势，然后做出正确的判断，这样整支队伍才能发挥出最大能量。我想，正是经历了这些，我才开始真正懂得 ACM-ICPC，也开始具备当一个队长的基本素质。因为，我认识到队长在队伍中的作用。

'比赛还剩 N 小时的时候，我们对了 x 道题，并且有 y 道题可以做。场上的局势是……我们准备……'这不仅是我写比赛小结时习惯的总结方式，也是我在每场比赛中做决策时的思考过程。如果一个队长能够说出这样的话，那说明这个队长在动脑子——判断场上的局势，根据队伍的情况，制定下一步计划。尤其是对于需要亲自敲题的队长，这种规划尤为重要。因为队长敲题意味着暂时放弃对全局的掌控，因此，在上机之前，队长必须做好形势分析，安排好后面至少半小时的计划，确保团队在此期间依然保持高效运转。"

——林那斯达卡赛区小结

最后一次亚洲赛区交流，龙舌兰队伍想换一个新的赛区试试。

陆径翻阅 ACM-ICPC 官网的赛区列表，试图找到一个既具挑战性，又能带来新体验的地方。突然，他的目光停在一个名字上——Dhaka, Bangladesh。

"我们要不要去这里？"陆径指着屏幕上的达卡（Dhaka），"这个赛区的出题人还算靠谱，前几年的题目我们训练时都做过，感觉还挺有趣的。"

"可以啊，我还没去过东南亚。"林那斯顿时来了兴趣。

苏加嘉也加入讨论："我记得震旦大学每年都有队伍去达卡赛区交流，他们还自称'孟加拉虎'呢，所以达卡赛区应该是个值得挑战的地方。"

"那就去呗。"林那斯笑了笑，"总不能年年都跑日本，这次换个新地方试试。"

最终，三人决定将今年的亚洲赛区交流地，定在孟加拉国达卡。

他们不知道的是，这个决定会让他们的旅程充满前所未有的挑战，也在 ACM 队里留下了"哪个队训练不认真，就会被派去孟加拉国达卡赛区"的传说。

孟加拉国的签证程序非常独特，工作人员仅在护照上盖一枚印章，手写日期和签名，就算完成了。飞机在云南昆明经停后直飞达卡。刚踏出机舱，潮湿的气息裹挟着浓郁的异国风情扑面而来，三人一下子意识到，他们已经踏上了陌生的土地。

"啊！"苏加嘉突然惊呼了一声。

"怎么了？"林那斯警觉地看向他。

"快看那边！"苏加嘉指向远处，一辆机场摆渡车正缓缓驶来。

陆径瞥了一眼，语气淡定："不就是个摆渡车嘛，怎么大惊小怪的？"

"不是的，陆径，"苏加嘉揉了揉眼睛，再三确认后，语气顿时带上了几分不可思议，"那摆渡车——没有门！"

"还真是……"陆径终于不淡定了，摆渡车缓缓经过他们面前，车厢里已经挤满了人，车门旁边的乘客悠闲地抓着栏杆，一副见怪不怪的样子。

林那斯无奈地笑了笑："别怕，咱们可是外宾，主办方已经派车来接我们了。"

在达卡海关出口，三人一眼就看到举着"ICPC, Agave"牌子的志愿者。这是达卡大学专门派来接他们的人，志愿者非常热情，简单自我介绍后，便带着他们前往停车场。然而，一路上的景象让三人略感紧张，街头建筑老旧，尘土飞扬，时不时还能看到荷枪实弹的安保人员驻守在街角。

林那斯余光扫过旁边停着的一辆汽车，忽然皱起眉头："那辆车的挡风玻璃上，是弹孔吗？"

陆径顺着他的视线看过去，果然看到玻璃上有一个圆形的小孔，从中心向外蔓延出蛛网般的裂纹。

"看起来不像是石子崩的。"苏加嘉低声说道。

一路上，车窗外的风景不断变换，但三人已经无心欣赏异国风光，直到车子缓缓停在一家涉外宾馆门前，才稍稍松了一口气。志愿者和他们约定第二天早上来接他们去比赛场地，便先行离开了。

不一会儿，天色渐黑，街道上的灯光昏黄朦胧，远处偶尔传来喇叭声和人群的嘈杂。三人对视一眼，白天见到的荷枪实弹让他们心里有些忐忑，几乎毫不犹豫地决定："就在宾馆里吃吧。"

餐厅的菜单让三人犯了难。林那斯皱了皱眉："这些菜名……怎么看不懂啊？"

"查查翻译软件。"苏加嘉拿起手机，输入几个单词，结果跳出来的都是一些陌生的香料名字。

"姜黄、肉桂、小豆蔻、香菜籽……"陆径一边念一边叹气，"不知道怎么点啊。"

三人面面相觑，都有些无奈，就在这时，一位戴着厨师帽、系着围裙的主厨，笑容满面地朝他们走来，语气格外亲切："你好！"三人愣了一下，随即眼中闪过惊喜，林那斯率先回应："你好！"

交谈后得知，这位主厨以前接待过一位长期住在这里的中国工程师。那位工程师因为吃不惯当地菜，特意申请去后厨自己做饭。日子久了，主厨竟跟着学会了几道中国菜，还特意加在菜单上，作为"特别菜单"提供给中国客人。"你们可以试试炒饭、炒面，还有烤鸡肉串，这些都是我会做的中国菜！"主厨用生硬的中文向三人推荐。

听到"炒饭"和"炒面"，三人顿时来了精神，毫不犹豫地点了菜。

不一会儿，热气腾腾的炒饭、香喷喷的炒面，还有金黄焦香的烤鸡肉串端了上来。主厨还额外赠送了每人一碗当地特色的汤，说是可以解腻、解干。

林那斯舀了一口炒饭，感叹道："真没想到，在孟加拉国还能吃到这么正宗的中国炒饭！"

"祖国的美食影响力，果然是世界级的。"苏加嘉满足地喝了一口汤，轻叹道。

陆径点点头，若有所思："不仅是美食，中国工程师在世界各地搞基建、办工厂、做项目，顺带输出饮食文化，影响力确实渗透到世界各个角落。"

一顿意外的美食让三人一扫旅途的疲惫，他们向主厨表示感谢后，便回房休息，为第二天的比赛养精蓄锐。

比赛当天，主办方安排了 30 分钟的试机环节，特别强调选手要熟悉键盘和鼠标。

"键盘和鼠标能有什么特别的？"陆径随口嘟囔了一句，"为什么要特别强调？"

"试试便知。"林那斯一边说，一边把键盘推向陆径，"你随便写点代码试试看。"

陆径坐下，敲了几行代码，忽然皱起了眉头："呃……确实挺特别的……"

"怎么了？"苏加嘉凑过来看。

"好像没法同时按两个键？按住 Shift 再按其他键就没反应了。"陆径尝试着敲击组合键，结果字符输入迟钝得让人崩溃，"而且，打字稍微快一点，键盘就像卡住了一样，好几个字符都会丢掉。"

林那斯一听，脸色也严肃起来。他们写 C++ 代码时，"|"是个至关重要的符号，位运算或者逻辑运算中的或（OR）都需要这个符号；但要打出这个符号，必须按住 Shift + \，如果 Shift 键不灵，那可真是致命的问题。而且，还有"!#%^&*()_+"这些符号，在代码里同样不可或缺。

林那斯立刻找到主办方反映问题。工作人员听后点了点头，解释道："这些键盘和鼠标是达卡大学自己研发生产的，但由于技术限制，偶尔会有残次品，所以才安排了试机环节。"

在工作人员的协助下，龙舌兰队更换了新的键盘和鼠标，试用后问题终于解决。比赛正式开始，这次的主要对手是震旦大学队和主场作战的达卡大学队。

刚进入读题环节，陆径突然皱着眉靠近林那斯，面露难色："我肚子好痛，好像要拉肚子……感觉早饭吃坏了。"

　　林那斯心头一紧，知道这对比赛节奏是个不小的挑战。按照原定策略，陆径和苏加嘉主要负责上机，而他则负责读题、思考算法方案和查错。现在，陆径状态不佳，若是频繁离席，势必会打乱整个队伍的节奏。他迅速调整心态，知道现在最重要的就是稳住队伍节奏。他低声对陆径说道："没事的，你先去厕所，今天我和苏加嘉主写，你安心调整状态。"

　　陆径应声点头，捂着肚子快步跑向卫生间，林那斯立刻和苏加嘉商量调整计划："陆径今天情况不太好，有点拉肚子，我补上他的写题任务，咱们随时调整节奏。"

　　苏加嘉皱眉："那陆径怎么办？他回来还能写题吗？"

　　"不能指望他长时间上机，但他思考能力不受影响。"林那斯果断说道，"这样，我们把难题先分配给他，他在厕所也能想解法，提前准备好思路。回来后，如果状态允许，他可以负责代码的查错。"

　　"好，那就这样安排。"苏加嘉点头，随即上机投入第一题的编写。

　　林那斯迅速调整策略，看似镇定的外表下，内心同样紧绷。但他清楚，队长的职责不仅仅是指挥，更要实时进行资源调度——如何最大化整个队伍的产出，才是比赛的核心。每位队员的技能、比赛状态、题目类型，都是变量，而队长的任务，就是在有限的时间内，做出最优解。

　　一切按部就班，每个人各司其职，井然有序当然是最理想的比赛状态。但真正的比赛从来不是完美的数学模型，更像是充满变量的博弈。计划可以指导比赛，但现实有可能完全不按照计划发展。每一场比赛都是全新的挑战，计划永远赶不上变化。调整策略，本身就是比赛的一部分，能在变化中掌控全局的人，才称得上是合格的队长。

　　眼下，陆径短时间内无法稳定上机，最优解就是让他专注于思考高难度题目，最小化身体状态对比赛的影响，同时确保队伍整体节奏不受干扰。

　　思路明确，战术调整完毕。

　　不久，陆径捂着肚子回来了，脸色苍白，额头上还渗着细汗："也不知道是吃坏了什么，疼死我了……"

林那斯见状，立刻拍了拍他的肩膀，语气镇定："你别担心，我已经调整计划了。这场比赛，你不一定要长时间坐在机器前写代码，接下来，你专注思考这几道最难的题，尤其是这几道对最终夺冠至关重要的题。"他说着，把题目和自己的初步分析快速讲了一遍，确保陆径能迅速进入状态。

陆径听完，点点头，露出一个苦笑："那没问题，在厕所里我也可以想算法，甚至还能带着打印的代码去蹲坑查错。"

苏加嘉正专注地在机器上敲代码，听到这话，忍不住抬头接了一句："这不就是'有气味的算法'吗？"

三人对视一眼，忍不住笑了出来，紧张的气氛顿时松弛了一些。

于是，按照调整后的计划，这场比赛的战术分工发生了变化，苏加嘉主写代码，林那斯穿插补位，而陆径则专注于思考难题的算法，并提前与两人沟通推演。林那斯在上机写代码前，总会确保苏加嘉有明确的任务，陆径的思考也有清晰的方向，确保整支队伍每时每刻都处于高效运转状态。

随着时间推移，队伍的节奏稳步推进，提交的代码屡屡通过，一只只代表成功的气球在赛场上飘起。旁边的队伍看着龙舌兰队有条不紊的解题节奏，眼神里透着惊讶，即便队员突发状况，他们依然保持着顶级队伍的稳定性。

看台上，叶老师的目光始终追随着三人，心中涌起一阵难以言喻的欣慰。

他见证了龙舌兰队从最初的稚嫩与冲动，一步步成长为如今的从容与稳健。而这一刻，他真正意识到，他们已经远远超越了曾经的自己。过去，他们专注于如何最快写出代码，如何推导最优算法，如何攻克最难的题目，而现在，他们已然掌握了团队协作的精髓——在混乱中找到秩序，在突发状况下保持冷静，在极限挑战下依然稳定推进。

而林那斯，更是在这次比赛中展现出真正的领导者风范，不仅是在技术上的统筹，更是对整个团队节奏的把控与稳定队员情绪上的成熟。这不仅仅是实力的提升，更是心态的蜕变。他们已经不再只是"天赋异禀的年轻选手"，他们正朝着真正的世界级强队迈进。

比赛后半段，键盘突然罢工，不得不临时更换，耽误了一些时间，但整体上影响不大。龙舌兰队的实力本就远超其他队，最终轻松获冠。

达卡大学队的表现也可圈可点，战胜了震旦大学队获得第二名。

这一次，"孟加拉虎"未能称霸达卡赛区，冠军奖杯属于龙舌兰队。

比赛结束后的晚宴热闹非凡，但龙舌兰队刚回到住处，前台的一则通知让他们瞬间紧张起来。"明早有反对派示威游行，可能会封路，甚至会有危险行动。强烈建议你们现在就前往机场，越早离开越安全。"

叶老师立刻做出决定，要求酒店协助联系车辆，尽快安排浦江交通大学和震旦大学的参赛队伍撤离。众人迅速收拾行李，行色匆匆地准备退房。就在这时，门外突然传来一阵低沉有力的敲门声。

林那斯打开门，迎面站着两名身材高大的酒店工作人员。他们缓步走进房间，顺手反锁了门，露出意味深长的笑容："Any tips？"

林那斯一愣，脑子飞速运转。Tips？小贴士？他们是想给我们一些建议？他下意识地回道："No, No advice."说完继续低头收拾东西，心里只想着尽快跑路。

两名工作人员先是一愣，对视一眼，脸上闪过一丝疑惑——这群年轻人好像没明白他们的意思？再看看房间里简单的行李，也不像是出手阔绰的富家子弟。犹豫片刻，最终悻悻地转身离开。

门刚关上，陆径忍不住笑出了声："林那斯，你这波操作绝了！人家是来要小费的，tips是'小费'，不是'建议'！"

苏加嘉也乐得趴在床上："你这一波，妥妥的'以柔克刚'。"

凌晨，酒店门口驶来两辆面包车，龙舌兰队与震旦大学队连夜出发，直奔机场。大雾弥漫，遮蔽了视线，道路两旁寂静无声，司机在夜色中疾驰，仿佛也想尽快赶在示威游行开始前回家。车内气氛凝重，众人望着窗外空荡荡的街道，心里都有些不安。直到机场映入眼帘，所有人才松了一口气。

候机大厅内荷枪实弹的警察带来了一些安全感，大家疲惫地坐在候机区休息。然而，当他们无意间抬头看向机场电视屏幕时，所有人的神经瞬间再次绷紧——达卡街头聚集着大批示威人群，情绪激动。昨天还算祥和的街区，如今已经混乱不堪，人群高举横幅，烟雾在街头弥漫，甚至有公交车被掀翻、点燃，火光映红了半边天。军警试图维持秩序，但局势仍在持续恶化。

"还好我们走得早。"林那斯望着屏幕，心有余悸地说。

"我们一定要珍惜中国安全的生活环境啊。"苏加嘉感慨，"希望达卡大学的队伍也能安全。"

一行人安全回到学校，把在达卡的经历讲给时悦、陆宁和集训队的其他同学听，大家都忍不住倒吸一口凉气，纷纷惊叹：

"摆渡车没有门？"

"键盘是坏的？"

"真的有公交车被掀翻？凌晨逃亡机场？荷枪实弹的警察？"

故事经过几轮添油加醋，最终，达卡赛区成了浦江交通大学 ACM 队伍中的一个"传说"。每当有队伍训练偷懒，叶老师就会半开玩笑地说："哪个队要是训练不认真，下次就送去孟加拉国达卡赛区。"

38 总决赛顺利开场

"如果说两年前的我们还只是羽翼未丰的雏鹰，胜利中还带着几分幸运的成分，那么现在，我想我们这支队伍已经成长为一只真正的雄鹰。这两年里，我们积蓄力量，在训练、网络赛和分区赛中不断挑战新的高度。无论是遇到错题、错数据，还是队员状态不佳，亦或其他不可控的客观因素，我们都能稳住心态，不受干扰，专注于比赛本身。

最后一次世界总决赛前夜，我、陆径和苏加嘉在酒店里，聊了很久。没有豪言壮语，也没有刻意给自己打气，我们只是平静地回顾过去，回忆那些奋战的时刻，那些欢笑与低谷。那一晚，我们有了一个共识——至此，我们已经给自己交出了一份最好的答卷。无论世界总决赛的最终结果如何，我们都能坦然接受，因为我们知道，我们已经尽了最大的努力，站在了自己能够触及的最高点。"

——林那斯世界总决赛小结

终于到了这一天——龙舌兰队的第二次世界总决赛，也是他们一生中最后一次站上这个舞台的机会。

这一年的世界总决赛在上海拉开帷幕。熟悉的语言、熟悉的文化，虽免去了以往跨越洲际的舟车劳顿，却没有让比赛变得轻松半分。他们深知，这场战斗将是有史以来最残酷、最激烈、最具分量的一战。

本届世界总决赛群星璀璨，强者云集，竞争之激烈前所未有。

由 Sightseer 领衔的俄罗斯大学队自不必多说，作为过去连续两届比赛的冠军，如今正向着队史第一个三连冠发起冲击，Sightseer 个人也渴望在职业生涯中拿下第二座世界冠军奖杯。作为公认的世界第一，Sightseer 几乎没有短板，无论是解题速度、代码质量，还是临场应变，他都具备无可匹敌的统治力。所有人都知道，任何队伍若想夺冠，必须先撼动他的存在。

过去两年，龙舌兰队经历了重塑与蜕变，被视为最强挑战者，在赔率榜上排名第二，被认为是最有可能终结俄罗斯大学队统治地位的队伍。他们不仅是 Sightseer 的竞争对手，更肩负着中国队伍历史性夺冠的希望。

　　而这一次的世界总决赛远不止是这两支队伍的较量。东京大学队实力同样不容小觑，主力选手是 IOI 和 IMO 的双料金牌得主，搭配两位 Topcoder 全球排名前二十的选手，阵容豪华。MIT 战队也不甘示弱，三位队员均为 IOI 金牌得主，且特意休赛一年后卷土重来，势在必得。此外，还有多支来自欧洲、北美洲的强队，其中不少选手的个人实力已跻身 Topcoder 全球前五十。

　　这不仅是一场普通的世界总决赛，更是一场史无前例的巅峰之战，汇聚了最多数量的顶尖选手。无论冠军最终花落谁家，这一年的世界总决赛，都注定将成为一场传奇之战。

　　这是龙舌兰队的最后一战，也是他们日日夜夜为之倾尽全力的一战。

　　住进主办方提供的酒店后，林那斯做了一个决定——在比赛结束前不再打开电脑，不去关注任何网络上的分析、讨论和预测。他需要一个安静的空间，来思考真正重要的问题："我们到底该以什么心态参赛？"

　　这一年，他无数次设想过这一刻，站上世界总决赛的舞台，挑战实力最强的对手，为中国队冲击具有历史意义的冠军。然而，当真正身处其中，他发现自己的心态已经悄然发生了变化。

　　"如果说大一时的我，参赛时还带着紧张和包袱，那么这一次，我要放下所有杂念，全身心地享受比赛。"

　　这场世界总决赛，云集了全世界最强的算法选手——俄罗斯大学、东京大学、MIT、华沙大学……顶级高手齐聚一堂，这是近年来竞争最激烈、最精彩的一届比赛，堪称千载难逢。

　　这不是压力，而是荣幸。

　　这不是负担，而是挑战。

　　这一刻，林那斯释然了。他知道，自己并不是一个人在战斗，他和陆径、苏加嘉，已经为了这一天拼尽全力。

　　比赛前一晚，三人并没有像以往一样熟悉代码库和推演策略，而是难得地平静地坐在一起，聊起了即将到来的巅峰之战。

　　林那斯率先开口："过去三年，我们已经做了所有能做的努力。无论是训练、比赛，还是各类挑战，我们已经付出了所有。明天的比赛，我们唯一能做的，就是卸下所有包袱，把过去积累的实力全部发挥出来。只要做到这一点，我们就没有遗憾。"

　　陆径轻轻点头，目光深邃："是啊，能和 Sightseer 一决高下，已经没什么遗憾了。"

　　苏加嘉嘴角带着一丝释然的笑意："一生能真正用尽全力去做的事情没有几件，而这件事，我们已经全力以赴了。"

　　那一晚，三人难得地睡得很香，没有焦虑，没有紧张，只有对明日之战的期待。他们知道，这一刻，他们已经等了足足两年。

　　翌日，世界总决赛正式拉开帷幕！

　　赛场上，龙舌兰队三人屏息凝神，目光如炬。这一刻，他们等了太久，也准备了太久——过去两年高强度的训练、一场场的比赛，一次次的失败与总结，所有的积累都凝聚在此刻。

　　一共 11 道题，对应字母 A ~ K。林那斯率先从题面最短的 F 题入手，这道题目言简意赅，看似简单，但却并不是龙舌兰队擅长的类型。他略一思索，决定继续读其他题目，寻找更稳妥的突破口。

　　10 分钟过去了，突然，赛场中爆发出一阵雷鸣般的掌声！MIT 队拿下了 F 题的一血！

　　"什么？MIT 这么快？"林那斯瞪大了眼睛，完全没想到会有人这么快攻下第一题。他立即拉来苏加嘉，准备重新审视这道题。

　　苏加嘉快速分析后，提出了一个看似正确的贪心做法，随即上机开始实现。代码很快写完，样例通过，正准备提交时，林那斯忽然开口："等等，你看看我构造的这个例子，是不是不对？"

　　苏加嘉一愣，定睛一看，随即脸色一变："确实，我的贪心算法在这里不成立。"

林那斯松了口气，额头渗出一丝微汗："幸好发现得及时！我们不能这么快交，再想一想。"

这时，陆径的目光停留在 D 题。他快速阅读了一遍题意，随后眼中闪过一丝明悟。"这是道反质数搜索问题。"陆径低声说道，"虽然不容易，但做法相对稳妥。"

林那斯闻言，立刻凑过来，与陆径进行讨论。短暂的分析后，两人达成共识，这道题可以先做，虽然不会特别快，但正确性有保障。

"稳扎稳打，不着急，确保一次通过。"林那斯叮嘱道。

陆径点头，迅速开始编写程序。他的手指在键盘上飞快敲击，代码一行行写下。他格外小心，不断检查边界条件。完成后，他特意检查了两遍，并处理了一个极小概率出现的 64 位整数越界情况，确保不会出错。"提交！"几秒钟后，屏幕上跳出绿色的 Accepted，一次通过！

"漂亮！"林那斯、苏加嘉都和陆径轻轻击掌。

这道题的通过，让龙舌兰队开了一个好头，也让三人稍稍放松了一些。

苏加嘉那边也有了进展，"F 题好像可以这么改。"苏加嘉和林那斯商量着，并迅速为自己的算法打了一个补丁。

林那斯没有急着让他提交，而是仔细检验了修改后的逻辑，确保没有遗漏任何特殊情况。几分钟后，他终于点头："嗯，这下对了，可以提交了。"

苏加嘉毫不犹豫地按下提交键。"Accepted！"龙舌兰队的第二题，一次通过！

然而，他们的进度刚刚追赶上来，赛场另一端的情况却令人惊讶——美国马里兰大学队通过了 J 题，并且拿到了这一题的一血！

林那斯一愣，随即目光微微一亮。J 题他已经读过，是一道计算几何题。计算几何向来不是大多数队伍优先考虑的突破口，因此他在前期筛选时，并没有将 J 题列为首要目标。但马里兰大学队竟然率先拿下了？这绝非偶然。

　　林那斯忽然想起一件事，马里兰大学队的计算几何代码库，正是借鉴龙舌兰队的！"如果他们能秒过 J 题，那这道题肯定可以直接套用我们的代码库！"几乎是直觉般的反应，林那斯立刻调出 J 题题面，迅速扫了一遍条件，果然，他发现自己之前漏看了一个关键约束条件！

　　"有了这个条件，这道题可以直接用我们整理的计算几何模板！"他说道，语气中带着一丝难以掩饰的兴奋。这意味着什么？意味着，他们可以大幅缩短解题时间，几乎是"无缝衔接"地拿下这道题！

　　"苏加嘉，你来实现。"林那斯当机立断，直接让苏加嘉对着代码库适配 J 题的输入输出格式，"有兄弟队伍在前，这题八九不离十能过。"苏加嘉立即调整代码，改动输入输出格式，几乎没有额外的算法推导过程。不出 5 分钟，Accepted！

　　这场世界总决赛，没有一道题是简单的"签到题"，每一题都暗藏陷阱，步步惊心，充满挑战。但龙舌兰队已经彻底进入状态，节奏越来越流畅。

　　从最初的谨慎试探，到找到突破口，再到连下三城，他们精准抓住了每一次解题机会。这一刻，他们终于追赶上第一集团，节奏也彻底放开！

39 盛放的龙舌兰

　　放开手脚后的龙舌兰队，可谓势如破竹，题目一个接一个地攻克。随着赛场上的气球不断升起，他们的排名一路攀升，逐渐占据了领先地位。

　　然而，当比赛来到后半段，他们迎来了真正的考验——B、E、G、I、K这5道尚未攻克的难题，每一道题目都像是一座难以逾越的高峰，深不可测，找不到突破口。

　　这显然是赛题设计者的精心安排——充分考量了本届顶尖队伍的实力，将难度推至极限。

　　作为领跑者，龙舌兰队已经无法再通过观察其他队伍的进度来判断哪道题更容易突破。他们走在最前方，意味着没有人可以参考，每一步都必须靠自己摸索。

　　林那斯扫视着剩下的5道题，有点不知所措，他手上已经没有任何算法储备了，对于眼前的这5道题，他也没有一个清晰的解题方向，甚至连一点思路都没有。

　　场外的叶老师正专注于排行榜上的名次变化，心中欣慰地想着："他们状态不错，继续稳扎稳打，应该能拉开更大优势。"

　　殊不知，赛场上的林那斯正深陷焦灼，面对5座难以逾越的高峰，竭尽全力寻找前行的路。

　　突然，陆径对K题有了一些想法，他迅速找到林那斯讨论："这个题的题意挺复杂，总体来说就是搜索加模拟，我可能需要写200 ~ 300行代码，但是……没有时间复杂度的严格保证。"

　　林那斯短暂思考后意识到，尽管K题的复杂度不明朗，但比赛已经进入白热化阶段，必须有人去尝试攻克这些难题。而此刻机器是空闲的，陆径显然对这道题有感觉。

"我觉得你的方向是对的，"林那斯果断地回应，"现在机器空着，你就先写。如果我们找到更确定的题目，我再打断你。"

说完，林那斯转身继续琢磨其他题目。实际上，K题的题意繁杂，细节众多，再加上他心里还挂念着另外几道难题，根本没能完全理解陆径的具体实现方案，但他没有表现出任何犹豫。

作为队长和室友，与陆径并肩作战、相处多年，林那斯对陆径的直觉和能力有着绝对的信任。他不需要听懂全部细节，只需从陆径的语气、推理方式和思考状态中判断——这个解法八九不离十，至少方向是正确的。而现在，他们没有时间去证明可行性，只能相信队友。

这是一种无需多言的默契与信任。

得到林那斯的认可后，陆径信心倍增，短暂准备后，便全神贯注地开始编写代码。这一刻，仿佛闪回了他们第一次分区赛时的场景——那时也是陆径执笔写下一个不确定的题目，最终锁定胜局。

赛后回顾，这个决策至关重要。它不仅保证了机器的使用效率，还为林那斯和苏加嘉争取到了宝贵的时间，让他们能够专注思考其他题目。

当然，林那斯并没有将他的心理活动告诉陆径和苏加嘉，而是独自承担了这份压力。陆径埋头编写K题代码，林那斯和苏加嘉则紧锣密鼓地分析E题和I题。不久，他们成功推导出这两道题的核心思路。

林那斯看了一眼陆径——K题写得正火热，完全沉浸在代码世界中，显然还需要时间。于是，他当机立断："苏加嘉，一会你来写E题，我来顶上写I题。"

不一会儿，陆径完成了K题的代码，提交！然而，不出所料，程序在通过了前面几个测试数据后，在很靠后的测试数据上超时了。

"看来，大方向确实没错！"林那斯暗自欣喜，心里的一块大石头终于落地，"陆径你先下来，我来想一下优化方向，看看有没有小的补丁可以加，让苏加嘉先上去写E题。"

陆径点点头，写完200多行代码后，他也需要短暂休息，调整状态。林那斯对着陆径的代码思考了一会，问道，"是不是可以考虑加一个记忆化的补丁？"

陆径眼前一亮，立马上机迅速调整 K 题的代码，很快，他自信地敲下提交键。

Accepted！ K 题一血！

接下来，林那斯安排苏加嘉继续上机处理 E 题。苏加嘉专注地敲着键盘，编写 E 题的代码，林那斯和陆径则紧盯着剩下的 B 题和 G 题展开讨论。

两人很快得出结论——G 题，这道大规模计算几何题，绝对是这场总决赛的"终极陷阱"。哪怕是 Sightseer 亲自操刀，在剩余的时间里恐怕也难以攻克。

"比赛快要封榜了，只剩下最后 1 个小时，G 题应该是在 1 小时内做不出来。"陆径低声分析道，"出题人应该是刻意设计的，专门用来阻止 AK。"

"嗯，但 B 题我们可能还有机会。"林那斯皱着眉，飞速在脑海中推导。

不一会儿，苏加嘉赶在封榜前提交通过了 E 题。

封榜前，大屏幕会实时显示题目是否通过。对于通过的题，会显示通过之前提交了几次，以及通过的时间；对于未通过的题，会显示总共提交的次数和最后一次提交的时间。

封榜后，大屏幕便不再实时更新各个队伍新的通过情况，排名也不会再变化。取而代之的，则是每个队伍封榜前未通过题目的总提交次数和最后一次提交的时间。

此时的龙舌兰队，还剩下 B、G、I 三道题，而俄罗斯大学队则还剩下 B、G、K 三道题，双方解出的题数持平，罚时仅有几分钟的差距，冠军归属仍悬而未决。

林那斯目光微闪，忽然灵机一动："既然这样，那我们何不利用一下封榜和 G 题？"

"龙舌兰队提交了 G 题！"

赛场上一片骚动，选手们面面相觑，裁判席上的裁判们更是目瞪口呆——G 题是他们特意设置的"防 AK 题"，目的就是为了阻止任何一支队伍在比赛结束前解决所有题目。连出题人自己都清楚，这道题的计算复杂度极高，几乎不可能在比赛时间内完成。然而，龙舌兰队竟然提交了？

这意味着什么？

Sightseer 看了一眼封榜后的排行榜，眼神微微一凝。龙舌兰队已经拿下了 K 题一血，现在竟然连 G 题都尝试提交了？如果 G 题通过，他们只剩下 B 和 I 两题，在最后剩余的一个小时完全有可能都被龙舌兰队攻破，难道他们真的要 AK？

与此同时，俄罗斯大学队的队员也紧张了起来。如果龙舌兰队的 G 题提交是认真的，那他们必须立刻开始攻克 G 题，否则冠军恐怕要旁落！

而此时的龙舌兰三人组，神色淡然。

林那斯的这一手，可以说彻底把俄罗斯大学队给骗了——他们的 G 题提交，并不是真正的解法，而是一次极具策略性的"烟幕弹"。

林那斯早已判断，这道题目在比赛时间内很难被解决，同时他也深知对手 Sightseer 以及俄罗斯大学队的心理。封榜后，各队无法得知彼此的最新进度，而龙舌兰队提交 G 题所产生的压力，足以让俄罗斯大学队的队员分心甚至误判，从而影响他们攻克 B 和 K 题的节奏。

这招"虚张声势"，不仅仅是一次心理战术，更是龙舌兰队整体战略布局的关键一招。现在，他们真正要做的，是全力突破 B 题和 I 题，确保自己的优势。林那斯安排陆径和苏加嘉一起攻克 B 题，自己则果断上机编写 I 题。

"毕竟是最后一次世界总决赛，怎么也得亲手写个题呀！"林那斯笑着跟陆径和苏加嘉开玩笑。

但他的真正意图远不止于此——此时，陆径和苏加嘉已经连续高强度解题多时，疲惫不可避免。最好的策略，是让他们暂时从编程的高压状态中抽离，休息调整之后再讨论 B 题的解法。

林那斯专注地投入 I 题的编写中，他的思路清晰，代码一气呵成，经过细致的检查和调试，毫不犹豫地按下了提交键。

"Accepted！"I 题顺利通过！

此刻，比赛已经进入封榜阶段，外界无法再看到龙舌兰队的最新进展。I 题通过后，林那斯没有立刻投入 B 题的讨论，而是故意连续提交了两次 I 题。这个反常的举动，其实是他们事先与叶老师、时悦、陆宁、顾韵等人约定好的"通过信号"——向场外观赛的亲友团传递一个隐秘的信息："一切顺利，不用紧张！"

赛场外，叶老师看到这一幕，嘴角微微上扬，心中悬着的那一丝紧张也随之消散了些许。

与此同时，明知 G 题几乎不可能解出，林那斯还不忘时不时提交一下 G 题，"得装得像一点。"这一系列举动无意间误导了 Sightseer。

由于一直在研究 G 题，俄罗斯大学队并没有时刻关注排行榜。他们偶尔扫一眼，发现龙舌兰队又提交了几次 G 题，同时在 I 题上也提交了三次。Sightseer 心生误判："他们好像在 I 题和 G 题上都卡住了！"

这一瞬间的误判，让 Sightseer 认为龙舌兰队的进度受阻，意味着他们很可能无暇去做 B 题。而就算龙舌兰队最终同时通过 G 题和 I 题，罚时也会极为不利。Sightseer 迅速做作出判断，继续投入 G 题，同时两位队友推进 B 题。如果这两题能完成，即使 K 题来不及做，俄罗斯大学队依然可以凭借更少的罚时稳坐冠军宝座。于是，他们并未调整战术，依旧专注于 G 题和 B 题。

龙舌兰队这边，三人正在全力合作解 B 题。陆径已经构思出算法，正专注上机编写代码，林那斯站在身后，实时查错，确保代码逻辑无误。苏加嘉则在一旁的草稿纸上推导测试数据，专门构造极端情况来验证边界条件。三人配合紧密，效率极高，最终，B 题一次提交就通过！

做完 B 题后，比赛时间已经所剩无几，G 题显然不可能完成了。三人瘫坐在座位上，紧张地盯着屏幕，关注着排行榜上俄罗斯大学队的提交情况。最后 10 分钟，俄罗斯大学相继提交了 B 题和 G 题，但 K 题始终没有提交记录。

林那斯和苏加嘉长舒一口气，"说不定今天还比 Sightseer 多解一道题呢！"

陆径补充道，"就算他们做出了 G 题，我们的罚时应该也有优势，毕竟我们的 I 题通过的早，而 G 题最终没通过，所以 G 题的那些错误提交也不会算进总罚时里。"

赛后，龙舌兰队才知道，Sightseer 终究是 Sightseer，他竟然在比赛的最后关头，真的做出了 G 题，还是一次提交就通过的！然而，G 题牵扯了他过多的精力和机时，导致俄罗斯大学队通过 B 题的时间被拖延得极晚，而 K 题则压根来不及完成任何提交。

比赛结束，封榜解除，最终排名出现在屏幕上的那一刻，整个赛场仿佛瞬间凝固。

第一名：中国！浦江交通大学！龙舌兰队！

林那斯猛地站起，目光死死锁在屏幕上，确认了一遍又一遍——他们确实是冠军！

俄罗斯大学队通过 10 题，K 题没有提交；龙舌兰队同样通过 10 题，G 题从始至终都没有通过！然而，在计算总罚时后，龙舌兰队以微弱优势胜出，登顶世界之巅！关键在于，两队的 B 题几乎同时通过，但龙舌兰队的 I 题早在封榜后不久就一次提交通过，而俄罗斯大学队的 G 题则是在比赛的最后时刻才完成。总罚时的微妙差距，最终决定了这场世界总决赛的胜负。

他们赢了！中国，赢了！

赛场瞬间爆发出震耳欲聋的欢呼声、掌声和惊叹声，所有人的目光都聚焦在那行闪烁的第一名——浦江交通大学，龙舌兰队！这支来自中国的队伍，战胜了世界最顶尖的选手，战胜了 Sightseer 率领的俄罗斯大学队，为中国拿下了 ACM-ICPC 世界总决赛历史上的首座冠军奖杯！

叶老师激动地跑向三人，紧紧握住三个少年的手，声音因激动而微微颤抖："你们做到了……你们真的做到了！"

这一刻，他们等了太久，整个中国等了太久。

这么多年，中国队在 ACM-ICPC 世界赛场上拼搏、前进，数代选手用汗水和智慧铺就了这条通往巅峰的道路。而今天，龙舌兰队，终于跨过了那道极限的门槛！

两年的沉淀积累，5 个小时的极限对决，无数个日夜的艰苦训练、无数次失败后的重整旗鼓，所有的努力，所有的坚持，所有的执念，终于在这一刻，迎来了最完美的结局。

这是他们的胜利，也是所有中国队伍这么多年来在世界信息学竞赛舞台上不断前行、努力的见证。

他们和所有曾经为中国队拼搏的选手一样，曾在失败中挣扎，在迷茫中前行，在无数个深夜里拼搏。

这一战，他们不只是为自己而战，更是为所有曾经站上这个赛场、为中国队挥洒汗水的前辈而战。

这一战，他们用智慧、策略、信任、配合和坚持，打破了中国队在 ACM-ICPC 世界总决赛上的瓶颈，夺得了那座属于中国的冠军奖杯。

这是他们最后一次站上 ACM-ICPC 世界总决赛的舞台，但他们的故事不会终结，他们用一场胜利，让自己如同龙舌兰般，在高朋满座中尽情绽放，成就了属于自己的传奇。

他们也用一场胜利，改写了中国队的历史——

这一战，是中国信息学竞赛踏上世界之巅的起点。这一战，中国正式向世界宣告：我们的算法实力，足以与世界最顶尖的强队争锋！

40 下一站

"初入集训队时，顾韵教练曾分享过她从前辈那里学到的三个关键词：生存、发展和贡献。

生存，意味着要证明自己有资格站在这里。实力不仅是读题、想算法、写代码的硬实力，也涵盖心理素质、沟通能力、临场应变等软实力。唯有真正站稳脚跟，才能谈未来的成长。发展，是从菜鸟蜕变为高手的过程，是经验的积累、实力的增长。在每个赛季，我们不仅要刻苦训练、提升能力，更要与队友磨合战术、培养默契。队内的探讨、队伍间的交流，甚至对比赛的深入思考，都是不可或缺的。贡献，则是在退役后，接过传承的火炬，助力新一代成长。有人成为教练，组织校选、安排训练、陪伴新的队伍征战；有人虽未成为教练，也会随时为新队员解惑答疑、分享经验。正是因为前辈的帮助，我们才能走到今天，而未来，新队员遇到的技术难题与心理困惑，也曾是我们经历过的。

顾韵教练曾说，总有一天我们会无比怀念那些训练和比赛的时光。如今，我终于懂得。"

——苏加嘉退役小结

在世界总决赛上创造了历史的三人，经历了一轮又一轮的热烈祝贺，沐浴在鲜花与掌声中。媒体的报道、学弟学妹的崇拜、无数同行的祝贺，让他们仿佛置身于狂欢的海洋。然而，热闹终会散去，喧嚣渐渐归于平静。几天后，他们终于得以抽身，获得片刻宁静。

三人第一时间来到叶老师的办公室，将沉甸甸的奖杯郑重地递给叶老师。

叶老师接过奖杯，沉默地看了一会儿，指尖拂过那熠熠生辉的金色光泽。他抬起头，目光扫过三人，眼里闪烁着藏不住的骄傲和欣慰。他缓缓走向办公室的陈列柜，将奖杯放在最显眼的位置。

陈列柜里已经摆满了各种奖牌和奖杯，那是历届队伍拼搏的见证，是前辈奋战留下的荣光。但这一座，与众不同。这是中国首座 ACM-ICPC 世界冠军奖杯，是叶老师，整个学校，乃至中国无数编程竞赛人期盼已久的荣耀。

三人静静地站在旁边，看着奖杯在灯光下熠熠生辉，仿佛映照着他们三年来的汗水与拼搏。

"报告叶老师，龙舌兰队圆满完成任务。"林那斯笑着和叶老师开玩笑。

苏加嘉也点了点头，眼中满是回忆："那时候觉得冠军目标遥不可及，没想到，我们真的做到了。"

叶老师转过身："这座奖杯，是你们用三年的拼搏、无数个日夜的努力换来的。但它不仅属于你们，更属于所有曾经为中国信息学竞赛事业付出过的人。那些前辈，那些陪伴你们训练的教练，那些一代代推动中国编程竞赛前行的人……"

三人沉默了一会儿，陆径轻轻点头，眼中饱含敬意："是啊，虽然站在领奖台上的只有我们，但这不仅仅是我们的胜利。"

"不过，冠军也只是个新的起点。"叶老师看着他们，目光深远，"你们已经走到这场比赛的顶端，现在，该去想想你们的下一站了。"

走出叶老师的办公室，三人并肩而行，默契地朝机房的方向走去。

这间熟悉的训练室，陪伴了他们三年，也见证了他们从青涩到成熟的成长。无数个深夜，他们在这里敲打着键盘、讨论着算法、争执着最优解。而今天，或许是他们最后一次以"参赛队员"的身份坐在这里。

"好像……终于安静下来了。"苏加嘉靠在椅背上，长长地舒了一口气。

陆径环顾四周，目光在那些贴满笔记的白板、堆积如山的草稿纸和他们的专属工位上停留片刻，轻轻一笑："你们有没有觉得，有点不真实？"

"有点。"林那斯低笑了一声，语气中透着些许释然，"但这就是现实，我们真的做到了。"

陆径沉默了一会儿，突然开口："其实，我以前一直觉得，如果能拿一次世界冠军，我一定会特别激动。但现在……好像也没有想象中的那么兴奋。"

"但说真的，"苏加嘉接过话，"拿到冠军的那个瞬间，和我们每一次集训、每一次深夜刷题、每一次查错、每一次和队友争执又和好的时刻比起来……好像并没有更特别。"

林那斯点头："因为我们真正热爱的，不是站在最高领奖台的那一刻，而是这一路走来的每一步。"

三人沉默了一会儿，彼此对视，眼神中满是理解和默契。

金牌的光辉终会褪去，奖杯也终将落满尘埃，但那些在机房里熬过的不眠之夜，那些一起攻克难题的时刻，那些并肩作战的岁月，会成为他们人生中最宝贵的记忆。

终于，陆径站起身，伸了个懒腰，语气带着一丝轻松："走吧，该考虑下一步了。"

"是啊。"林那斯轻轻呼了一口气，目光扫过机房的一角，仿佛在回望这三年来的点点滴滴。"ACM-ICPC 规定，每个人一生最多只能参加两次世界总决赛，我们的比赛生涯到这里就结束了。"

苏加嘉轻笑了一声："要退役了，还真舍不得。"

"就算退役了，我们的故事也不会停在这里"林那斯起身，拍了拍苏加嘉的肩，"走吧，是时候把接力棒交给年轻人了。"

几天后，三人特意找了个时间把精心整理的龙舌兰队专属代码库正式交给了集训队的学弟学妹。那一刻，林那斯忽然想起三年前，顾韵也是这样，把前辈的代码库交到他们手上——代码库不仅仅是技术的积累，更是一代代传承下来的智慧与经验。

"这个代码库，我们优化过很多次，里面不仅有这三年我们整理的高效算法模板，还有我们踩过的坑、改过的 bug，包括一些冷门但实用的技巧。"林那斯细细解释。

"当然，这些只是工具，真正重要的，还是你们自己。"陆径笑着补充，"代码库不可能是完美的，赛场上还是需要你们凭借自己的思考去理解、去优化、去实践。"

"相信有一天，你们中间也会有人登上世界冠军的奖台。"苏加嘉看着眼前这些熟悉又陌生的面孔，嘴角带着鼓励的微笑，"然后，再把你们优化的代码库交给下一代。"

把代码库正式交给学弟学妹，他们又叮嘱道，有任何困惑都可以向邮件列表咨询，而三人也将正式加入邮件列表，成为远方支持后辈的力量之一。完成交接后，三人算是正式退役，告别了三年的赛场生涯。龙舌兰的名字将在集训队中延续，而他们也正式步入人生的新阶段。

这天晚上，三人回到熟悉的 312 宿舍，聊起了接下来的计划。

"我拿到了心仪的美国大学的博士 offer，下一站准备去美国搞科研。"林那斯率先开口，眼中带着憧憬和期待。

"那太好了！"陆径由衷地替他高兴，"我决定去谷歌，世界上最好的工程师都在那里，我想去探索技术的尽头在哪里。"

林那斯点点头，这和他预想的一样，陆径一直是个纯粹的技术追求者，走上这条路再自然不过。

"苏加嘉，你呢？"

苏加嘉靠在床头，思索了一下，笑着说："我最近在考虑投身量化交易领域，偶然接触后发现，这不就是现实版的算法竞赛吗？数学建模、算法优化，只不过是在寻找收益的最优解，这让我挺感兴趣的。"

另一边，时悦和陆宁也在找寻自己人生的下一站。

"陆宁，你是不是决定留在实习的律所了？"

"是呀，感觉这里的氛围和业务都挺适合我，留在这儿挺好。"

"你呢？"陆宁反问。

时悦思索了一下："我最近面试了几个大公司的法务部门，有一家外企我很感兴趣，要是能拿到 offer，大概率就去那了。"

陆宁一愣，随后问道："诶，可是林那斯不是要出国？你和他打算怎么办？"

"我们最近一直在聊这个问题……他的博士至少要读五年，我的职业生涯也才刚刚开始。咱们这个专业去美国不容易找工作，我们都不想让彼此放弃各自的梦想，所以决定先各自追寻自己的道路。一边走，一边看吧。"

"哇，你们要挑战异国恋了啊！"

"是不是好惨。"时悦轻轻地笑了笑，"但人生很难有万全的选择。重要的是，我们都希望对方成为最好的自己。"

陆宁点了点头，没有再多说什么。她知道，时悦和林那斯的决定或许并不容易，但这就是成长。他们都在向着各自的未来前进，即便短暂分开，也不会改变彼此的牵绊。

各自的下一站都有了清晰的方向，林那斯和时悦也终于有时间，在校园里好好散步。

他们一直喜欢这样并肩走着，无论是午后还是夜晚，无论是围着中心湖漫步，还是绕着操场闲聊。有时候只是十几分钟，有时候会不知不觉地走上一个小时。没有固定的路线，也没有特定的话题，只是安静享受彼此的陪伴。

"下次再这样一起散步，可能要等很久了。"林那斯侧头看着时悦，声音低低的，带着一丝不舍。

"嗯。"时悦微微仰起头看着他，眼神清亮，"但我们早就说好了，你去追求你想追求的东西，我也去追求我的。五年，看似很长，但其实并不算长。你是顶尖的竞赛选手，应该最懂这一点——最优策略从来不是让一个人停下来等另一个人，而是两个人都朝着更高的目标前进。"

林那斯笑了一下，轻轻地握住了她的手，微微收紧："是是是，时悦老师现在都是半个竞赛圈的人了，连最优策略都能分析得这么清楚。"

"那就按最优解执行吧。"

他顿了顿，目光沉静而专注："希望我们两个的最优解，最终还能收敛到同一个答案上。"

时悦轻轻地回握住他的手，唇角微微扬起，像是在印证这个承诺。

"一定会的。"

毕业那天，龙舌兰后援团的几个人又去了学校外面那家常去的饭店。

这家饭店见证了他们无数次的聚餐——从大一刚进集训队的懵懂，到每次比赛后的复盘总结，再到世界总决赛夺冠后的庆祝狂欢。今天，他们坐在熟悉的座位上，迎来了这段旅程的谢幕。

"以后再想这么整齐地聚在一起，恐怕就没这么容易了。"时悦不禁感慨。

"对啊，下次再聚，可能就是在地球的不同角落开视频了。"苏加嘉笑着，语气虽轻松，但眼里却带着一丝不舍。

"以后想吃到这么好的中国菜估计不容易。"陆径摇摇头，他已经确定了入职谷歌欧洲总部（苏黎世办公室）。

"那快一起吃吃喝喝吧，趁现在还在一个时区！"陆宁爽朗地笑着，率先一饮而尽。

林那斯环视了一圈，心中浮现出无数画面：机房里争论算法的深夜、赛场上的紧张对决，还有和时悦在校园夜色中散步畅谈的时刻。

"今天，咱们就别煽情了。毕业不是终点，而是新的起点。咱们的故事，还未结束。"他说道，嘴角扬起熟悉的笑容。

大家纷纷点头，把酒杯轻轻碰在一起——

这一杯，敬曾经的拼搏；

这一杯，敬各自的未来；

这一杯，敬再见之时，依旧是最好的自己。

第六篇
金牌之上：赛场外的星辰大海

41 科研与竞赛

林那斯把世界总决赛的冠军奖牌留给了时悦，只身来到美国。这一次，他不再是作为信息学竞赛选手，而是以博士新生的身份，站在全新的起点。

新生活就这样开始了，林那斯忙着安顿好租来的小公寓，组装家具，买锅碗瓢盆，填满冰箱，熟悉灶台。好在林那斯的适应能力一向很强，生活上的琐事并没有给他带来太大的困扰，反而让他觉得这些日常的小事充满了新鲜感。

只是，让他有些沮丧的是科研进展远不如预期。

每天跑实验、阅读论文、代码测试，像是走进了一片没有边界的迷宫。林那斯习惯了信息学竞赛的模式——问题明确，目标清晰，只要找到最优解并实现，就一定会在屏幕上跳出 Accepted 的提示。但科研，显然不是这样。

他每天都会和时悦视频，有时候会聊起自己对科研的困惑："以前打竞赛的时候，习惯有一个确定的问题，在这个确定的问题下，一定会有确定的答案。解题过程虽然艰难，但终点总是清晰可见。可是科研，好像完全不同。"他停顿了一下，轻轻叹了口气，"科研没有确定的问题，也没有确定的答案，有时候让我有点无从下手。"

林那斯愈发深切地感受到竞赛和科研的巨大不同。过往的岁月里，他太习惯解题了。在竞赛的世界里，规则明确，条件清晰，目标单一，在特定的条件下，把题目做出来，做得最快、最好，就是胜利。那种将问题迎刃而解的快感，成了他熟悉的节奏，也是一种让他持续努力的驱动力。

可是，当他带着这种心态进入科研时，却发现完全行不通。

科研的世界没有明确的边界，也没有固定的规则，更没有一个可以预见的终点。有时，一个问题还没完全厘清，另一个更大的未知就扑面而来；有时，数周的努力可能因为一组实验数据的异常而付诸东流；还有时，耗尽心血得到的结果，却早已被前人探索过，甚至比自己的还要精妙。

这种落差让他有些沮丧，也让他第一次对自己的能力产生了怀疑。

"要不要和导师聊聊？"时悦听完他的困惑，轻声建议，"你别有太大心理负担，我想在科研的路上，谁都会经历迷茫。但你的导师是个大牛，肯定见过无数像你这样的学生。他可能比你更清楚，你现在需要什么。"

林那斯点头答应，决定找导师聊聊。他的导师是一位六十出头的大教授，人工智能领域的领军人物。本科时期，林那斯便听闻过他的名字——他发表的论文足以铺满整间办公室，被引用的次数远超许多知名教授。然而，比起这些耀眼的成就，更让人敬佩的，是他的平易近人和谦逊态度。他对待学生从不居高临下，总是耐心倾听他们的困惑，鼓励他们在科研的道路上大胆探索。

约好的时间到了，林那斯推开导师办公室的门。房间里摆满了书籍、论文和数据图表。

"Take a seat, Lin." 导师抬起头，露出一抹和蔼的微笑，指了指对面的椅子。

"Hi Professor, I have been struggling for a while, and would like to talk with you about that." 林那斯开门见山，语气中带着几分思索和犹豫。

"Ah, Let's talk." 导师放下手中的书，双手交叉放在桌上，目光专注地看着他。

那天下午，林那斯和导师聊了许久。回到家后，林那斯和时悦视频，分享自己和导师的对话。

"我跟导师说，以前做竞赛时，我习惯了解题。那时候有明确的问题，我只需在规则内找到最优解。但科研完全不同，没有明确的问题，也没有标准答案。很多时候，我觉得自己走进了死胡同，甚至不知道现在做的事情是不是对的。"

时悦安静地听着，轻轻点头，"那导师怎么说？"

"导师说，我现在的困惑其实是一件好事。"

"好事？"

"嗯。他说看过我以前的比赛，也了解我的竞赛背景。他认为，我在规则内解决问题的能力非常宝贵。但他问我，觉得科研和竞赛的最大区别是什么？"

"你怎么回答的？"

"我说，是不是要把问题解决得最完美？"

"导师怎么说？"

"他笑了，说科研的目标不是解题，而是创造问题、提出假设、推翻假设，甚至重新定义规则。科研不仅需要技巧和速度，更需要耐心和对未知领域的探索精神。"

时悦在屏幕那头沉思片刻，若有所悟。

林那斯继续说道，"老师说我现在觉得迷茫，是因为我还在用竞赛的方式思考科研。我需要学会接受科研的不确定性。科研不是一场短跑，而是一场马拉松。有时，我们可能需要沿着一个方向摸索很久，即便最后的结果并不如预期，但我们仍然从中学到了东西，这就是科研的价值。"

"有点'追求的不单单是结果，而是过程'的意思。"时悦似乎领悟了其中的深意。

"对。导师还说，科研的意义在于不断扩展认知的边界。关键不在于解决问题有多完美，而在于找到值得研究的问题。太难的问题，当前可能无解；太简单的问题，早已被解决；而太小的问题，即便解决了，也难以产生真正的影响力。找到一个大而重要的问题，是科研的起点，也是最困难的一步。"

经过这场对话，林那斯逐渐明白，他需要调整自己的心态。博士时光不再是一场追求完美解题的竞赛，而是一段探索未知、积累价值的旅程。

科研的起点，不是解题，而是"找题"。世界远不止信息学竞赛这一片天地，还有更广阔的星辰大海等待着他去探索。带着这种全新的心态，他仿佛一艘驶入深海的船，开始搜寻属于自己的"北极星"。

阅读与探索的过程让他的世界不断拓宽，书籍、论文与数据为他打开了一扇扇未知的大门。他在前人的工作中看到了惊人的深邃与巧妙，同时也深刻感受到自己的渺小与不足。尽管探索的过程充满迷茫，却蕴藏着别样的吸引力——就像行走在未知的荒野，尽管无数条道路仍未见终点，但每一步的前行，都让他更加接近那颗属于自己的"北极星"。

与此同时，他和时悦之间的感情并没有因为距离而变淡。有时候，两个人即使忙得不可开交，也会开着视频，各自做着自己的事情，享受彼此的陪伴。

博二下学期的一个傍晚，林那斯正在厨房准备晚饭，手机的视频铃声响起。他擦了擦手，拿起手机一看，是时悦打来的。

"告诉你一个好消息！"时悦的声音透着难掩的兴奋，"我有一个内部工作的机会，可以转岗到美国了！"

林那斯愣了一下，随后惊喜地问道："真的？之前你不是说还没想好要不要来美国吗？"

"之前确实没太想好。因为我不想只是为了你去美国。"时悦笑了笑，声音里带着一丝柔软，"但是因为你在美国，我就跟老板聊过一次。她说虽然很舍不得我离开，但也告诉我，遇到一个可以相伴终身的人是需要运气的，而工作，只要努力，总归能得到。所以，我后来一直在犹豫要不要辞职来美国，但是上个月，老板发现公司有内部转岗到美国的机会，就一路支持我申请，最后批准了！"

林那斯听完满脸惊喜，心里涌起阵阵暖意。他没想到时悦会为他做出这样的努力，更没想到时悦的老板会如此开明。他连忙关掉炉火，转过身笑着问："那什么时候能过来？有具体安排了吗？"

时悦点点头，眼里闪烁着期待的光芒，"应该很快会定下来。等我过去后，我们就不用再谈异国恋啦！"

就这样，林那斯迎来了学业与爱情双丰收的新生活。他在研究领域屡获突破，论文接连在顶级会议上发表，逐渐在学术界崭露头角。博士毕业时，他已是业内小有名气的年轻学者，并收到了多所美国知名大学的教职 offers。命运仿佛格外眷顾他，其中一封 offer 来自加州大学洛杉矶分校，而这恰好是时悦工作的城市。

他毫不犹豫地选择了洛杉矶，满怀期待地收拾行囊，奔赴那座阳光明媚的城市，和时悦彻底结束多年的异地生活。

到达洛杉矶的那天，时悦开车来接他。车子驶出机场，沿着宽阔的公路疾驰，林那斯惊喜地发现，路旁到处是龙舌兰，那些厚实的叶片在加州的阳光下闪烁着坚韧的光泽，生机勃勃，和十几年前他与陆径、苏加嘉在电脑上看到的图片一模一样。

十几年前，电脑屏幕上的龙舌兰是青春的符号，生动却遥远。那时的林那斯、陆径和苏加嘉，还是一群追逐梦想的少年。

后来，他们三人和时悦一起去植物园，第一次看到了真正的龙舌兰。那株盛放的龙舌兰，曾给予身处低谷的他们重新振作和出发的勇气。

而如今，洛杉矶阳光下的龙舌兰真实可触，如同命运某种奇妙的回应。

"是不是看到了很多龙舌兰？"时悦一边开车，一边问他。

"真没想到，这里会有这么多龙舌兰。"林那斯点点头，语气里带着几分惊讶和欣喜。

"有种冥冥之中的天意吧？"时悦转头看了他一眼，笑着问。

"是啊，像是青春里的某些经历，注定会以不同的方式再次出现。"林那斯微笑着拿出手机，拍下一路上掠过的龙舌兰，"我要拍下来发给陆径和苏加嘉。"

十几年的时光，从屏幕到现实，从植物园到洛杉矶，龙舌兰无声地串联起林那斯的成长轨迹，也见证了他青春岁月里的梦想、奋斗和珍贵的友谊。

42 每个人都有自己的人生

林那斯在学术和生活中找到了一片属于自己的天地，远在欧洲的陆径，则在另一种截然不同的环境中面临自己的挑战。

在苏黎世的工作还算顺利，从事的是自己擅长的领域，凭借以往的辉煌战绩，老板和同事对他颇为认可，也给予了足够的尊重和包容。然而，即便在专业领域得心应手，陆径依然感到一种挥之不去的孤独。

他的母语并非英语，而在苏黎世，除了英语，他还要面对德语、法语等这些他完全不懂的语言。工作时，他的英语交流已足够流畅，但当话题从技术转向日常闲聊，他却时常跟不上节奏，像个局外人般静静旁听，偶尔插上一两句，也只是点到即止，难以真正融入这片土地。他的性格本就内向慢热，不擅长主动社交，离开了熟悉的环境后，除了公司同事，他几乎没能在欧洲结交新的朋友。

不过，陆径倒是一个很长情的人，大多数时候，他会在微信群里和老朋友林那斯、苏加嘉聊天。三人毕业后建了一个名为"龙舌兰未解散"的微信群，依旧像从前一样，分享日常、讨论技术、吐槽生活琐事，偶尔也会复盘一两道有趣的算法题，重温当年的激情岁月。

"公司待遇还不错，包三餐，也不用加班。"陆径偶尔会这样分享。但更多的时候，他会抱怨一些小困扰："听同事聊天，大家都笑得很开心，我却完全听不懂笑点在哪。""他们聊小时候看的动画片，我连名字都没听过。"

林那斯和苏加嘉总是尽力宽慰他："嘿，这没啥的，你跟老外聊葫芦娃，他们肯定也一头雾水。""欧洲风景好，趁着周末多出去玩玩！"

然而，陆径的性子决定了他不是一个能够迅速适应新环境的人。他喜欢的事可以坚持到底，但却难以对不感兴趣的事物提起热情。离开国内熟悉的环境、亲密的朋友，以及曾让他全情投入的编程竞赛舞台，他渐渐感觉生活仿佛失去了主线。日子虽不算糟糕，却始终少了一份真正触动人心的激情和归属感。

　　周一到周五还好，白天工作安排得满满当当，公司食堂的饭菜也能解决温饱问题。但一到周末，整个欧洲的节奏都慢了下来，连空气都透着悠闲，陆径却不适应这种"慢"。他坐在沙发上，看着窗外阳光灿烂，却感觉时间仿佛被按下了暂停键，整个人无所适从。周末的清晨，他常常一觉睡到十点、十一点。醒来时，饥肠辘辘。要是在国内，这时候随手点个外卖或出门觅食，各种美食应有尽有，"吃什么"成了一种幸福的烦恼。但在欧洲，大部分饭店要到下午一两点才营业，这对陆径来说简直是折磨，既没有早饭可吃，又不习惯欧洲人午餐的节奏，他只能百无聊赖地在家里磨蹭，或随便吃点前一天剩下的食物填饱肚子。

　　为了自己的胃，也因为对中餐的思念与日俱增，陆径硬着头皮学起了做饭。做饭这件事一下子把他从"满级账号"拉回了"新手村"。站在超市的调料架前，陆径对着各种生抽、老抽、蚝油发呆半天，不知道该选哪一瓶；好不容易买回一块牛里脊，却完全不懂如何顺着纹路切，切出来的肉怎么炒都又硬又柴。尝试做经典的番茄炒蛋，但因为不懂先炒鸡蛋，再炒番茄，竟想当然地直接把蛋液倒进了番茄汁里，最终做成了一锅"番茄蛋花汤"。

　　做饭这个事情，陆径已经在微信群里跟林那斯和苏加嘉吐槽过好多次了。

　　"比写代码还难。"

　　"做饭是玄学，毫无逻辑可言。"

　　林那斯在美国少不了要自己做饭，便时常通过微信远程指导陆径做点简单方便的快手菜。苏加嘉母亲是五星级酒店的大厨，从小耳濡目染，深谙不少烹饪知识。于是，微信群里的对话经常从技术讨论变成厨艺教学。

　　"陆径大神，鸡蛋和番茄要分开炒啊。"

　　"生抽用来调味，老抽用来上色。"

　　"你下次试试煮碗面，加点青菜和蛋，营养又简单！"

　　陆径周末最高兴的时刻，就是和林那斯、苏加嘉在微信群里聊天的短暂时光。然而受时差所限，三人同时在线的时间并不多。大多数时候，陆径还是要独自面对漫长而空虚的周末。除了做饭的难题，陆径还不得不自己动手解决一些生活琐事。欧洲人工费用昂贵，维修效率也一言难尽。灯泡坏了、机器故障，甚至水管漏水，这些在国内打个电话就能解决的小事，在这里却变成了让人头疼的大问题。

又是一个阴雨绵绵的周末，整个城市显得格外冷清。陆径发现家里水管漏水，试着拨打公寓管理处的电话，却一直无人接听。无奈之下，他只好自己上网搜索修水管的教程，看着视频里的步骤喃喃自语："看起来也不是很难！不过……好像家里没有合适的工具。"他翻遍公寓的储物间，勉强找出几件可能派得上用场的工具，蹲在地上，小心翼翼地拧紧水管接头。不料一个用力过猛，水管突然爆开，水柱直接喷了他一身。他狼狈地后退，衣服被浇透，厨房地板也瞬间变成了一片水洼。他手忙脚乱地想要堵住水流，结果反而让情况变得更糟，只得赶紧去关总水闸。

公寓维修人员姗姗来迟，用专业工具几下便解决了问题，陆径筋疲力尽地换上干衣服，坐在餐桌旁，环抱着手臂，呆呆望着窗外。雨点敲打着玻璃，外面的世界灰蒙蒙一片透着冷意。

他脑海里不禁浮现出过去的画面——和林那斯、苏加嘉并肩坐在机房里，为一道复杂的题目争论不休；训练期间，一起熬夜调试代码的日子。好像信息学竞赛是人生最闪耀的日子，而现在……

他叹了口气，低声自嘲："感觉离开了信息学竞赛，自己什么都做不好。"

这种挫败感像阴影一样笼罩着他的心。他曾经是团队里的"大神"，是那个能够轻松解决复杂算法问题的人，如今却为了一根破水管弄得狼狈不堪。他无法接受从意气风发的天才少年，变成一个面对生活琐事手足无措的普通人。

"感觉自己离开了键盘的世界，什么也不行，做饭不行，修东西也不行。"

"感觉自己除了会信息学竞赛，别的一无是处。"

"难道长大就注定会变成普通人吗？"

他忍不住在微信群里向林那斯和苏加嘉倾诉。

"普通人有什么不好吗？有些我们眼中的普通人，在他们的领域可不一定普通哦。"

"人各有天赋，各有所长啊，陆径大神编程竞赛都这么强了，做饭修东西不行，说明老天还是公平的。"

看到他们的回复时，陆径特别羡慕两人的心态。林那斯和苏加嘉似乎从来没有被这种问题困扰，他们总是坦然接受自己的长处与短板。陆径想起很久之前，他们曾对自己说过："人外有人，天外有天。我们第一次看到你的个人比赛排名时，就知道了这个道理。"

可是对陆径来说，他的起点太高，起步太早，似乎从一开始就被命运推到了聚光灯下，一路走到了最前面。从省赛到全国赛，从亚洲区域赛到世界总决赛，一路走来，他始终是"那个最优秀的少年"，是无数人眼中"天才"的代名词。

但他也因此习惯了顶峰的风景，习惯了所有人仰望的目光。现在，当生活把他从云端推向地平线时，他不知该如何面对这份落差感。

修水管时的狼狈，做饭时的频频失败，这些琐碎的小事就像一面镜子，照出了他不愿面对的平凡。

这种情绪在他心里盘旋许久，挥之不去。他的睡眠变差，胃口不好，健康状况每况愈下。为了调整状态，去了几次医院，医生诊断他有轻度抑郁的倾向。然而，他始终没找到真正的出口，直到命运为他安排了一场不得不踏上的"流浪"。

他在欧洲的工作签证到期，趁着出差澳大利亚的机会预约了续签，却运气不佳，签证被行政审查，一等再等，始终没有消息。滞留在澳大利亚的陆径陷入两难境地——这里生活成本太高，一个人待着也太无聊。他开始在网上四处寻找解决办法，偶然发现一个志愿者网站。志愿者项目不仅提供食宿，还能让他暂时摆脱无所事事的窘境。没多想，陆径立刻在网站上提交了申请。他把能申请的项目统统点了一遍，只盼着尽快找到一个落脚点。

第二天，他收到一封来自农场主 Steve 的邮件。对方简单明了，约好了时间接他去农场。第三天清晨，一辆黑色大皮卡稳稳停在陆径的酒店门口。Steve 是个高大壮实的澳大利亚男人，戴着墨镜，操着浓厚的本地口音，确认了陆径的身份，便示意他上车。

"You can help me with the chicken coop management. Does that work for you?" Steve 转头问道。

陆径点点头，心里稍微松了口气，管理鸡舍听起来还挺简单的，总比修水管靠谱。然而，到了农场后他才发现，自己完全低估了养鸡的复杂程度。

Steve 的农场很大，散布着好几个鸡舍。陆径每天的工作听起来简单：喂鸡、收鸡蛋、打扫鸡舍，实际操作起来却是另一回事。

此后，陆径便开始每天在微信群里给林那斯和苏加嘉更新自己的农场"流浪"经历。

"农场主让我帮忙管理鸡舍，应该不难。"

"管理鸡舍也太变态了！每个鸡舍里有几十个鸡笼，每个鸡笼里有十只左右的鸡。喂饲料的时候老有公鸡来啄我。"

"有几只母鸡好几天没下蛋了，我还要给它们补充特定的营养剂。"

林那斯和苏加嘉觉得又好笑又新奇，时不时催他多发点更新。

"每天早上，我还要用专门的工具清理鸡粪，打扫鸡笼，确保鸡舍卫生。"

"今天有几只鸡生病了，第一时间要隔离送到农场里的'鸡医院'进行治疗。否则一旦疫情扩散，会对整个农场造成严重影响。"

"今天要收集鸡蛋，Steve 准备带到集市上去卖。有些母鸡不愿意离开鸡蛋，还得想办法把它们哄走。"

日复一日，陆径和农场数不清的鸡打起了交道。起初几天，他总是手忙脚乱，鸡笼没关紧，饲料撒得到处都是，甚至还被一只脾气暴躁的公鸡啄伤了手。一两周下来，他终于渐渐适应了这里的节奏，甚至发现，原本以为简单的鸡舍管理，其实也处处充满节奏、逻辑和智慧。

晚饭的时候，Steve 有时候会和陆径聊天，"How's everything going? Getting used to the farm life?"

陆径一边扒饭一边点头："It's... different. But not bad."

"Yes, it needs different wisdom than programming."

Steve 知道陆径是个程序员，他有点调侃又带点自豪的语气说。

陆径不得不承认，农场生活需要一种截然不同的智慧，一种他从未认真思考过的智慧。管理鸡舍就大有学问，什么时候喂食，如何防疫，如何让母鸡保持最佳产蛋状态，每个环节都至关重要；Steve 的农场里还有猪舍、羊舍、牛舍，每一种动物都有独特习性和需要遵循的管理方法；天气变化会影响农作物生长，牲畜状态也会受环境细节的影响，Steve 的每一个决策，都是经验与知识交织的产物。他慢慢发现，这片土地上流转的，不仅是汗水和劳作，还有各式各样的"智慧"，一种与代码逻辑截然不同，却同样严谨、深邃的智慧。

从前，他一直以为"智慧"只属于复杂算法、精密逻辑，然而，现在他意识到，智慧的形态可以千变万化，从未局限于计算机屏幕背后的代码世界，也存在于普通人的生活里。

"This is no difference from programming," 陆径回应 Steve，"it's just that the rules aren't written in code but in the logic of nature."

Steve 点点头，咧嘴一笑："Exactly. Life has its own logic. Once you figure it out, you'll enjoy it."

Steve 的农场里，除了陆径，还有来自世界各地的志愿者。法国小哥 Chris 弹得一手好吉他，每当夜幕降临，他总会拨动琴弦，悠扬的旋律在农场的空气中流淌。泰国女孩 Linda 是个旅行达人，足迹遍布多个国家，她把旅途中的所见所闻记录在个人网站上，吸引了许多粉丝的关注。许多晚饭后的时光，陆径都和这些因机缘相聚在农场的陌生人坐在一起，听 Chris 边弹吉他边唱歌，抬头看着满天繁星。

某天夜晚，陆径躺在农场的小木屋里，远处蛐蛐声此起彼伏，还有兔子轻轻穿过草丛的窸窣声。尽管白天的辛苦劳作让陆径浑身酸痛，但却体会到久违的满足和幸福。

"顶峰有顶峰的风景，山脚也有山脚的风景。"他轻轻自语，像是对自己说，又像是对夜空说。

伴随着 Chris 的吉他声，听 Linda 讲述穿越各国的旅行故事，陆径第一次重新思考"普通人"这个词的含义。他原以为，普通人是没有故事、没有光彩的，是在世俗洪流中被轻易淹没的存在。然而，当 Chris 用歌声让他忘记烦恼，当 Linda 用她的旅行见闻点燃他对未知世界的好奇时，他忽然意识到，普通人并不意味着平凡，他们也能在属于自己的领域发出耀眼的光芒。曾经，他以为智慧只存在于代码和算法的世界，如今他才发现，生活本身亦是一种智慧，每个人都在自己的领域闪耀着独特的光辉。

"Chris 会唱歌，Linda 会记录，Steve 有他的农场，而我……"陆径思索着，"我也有我的特长，同时也会有我不擅长的事。"

夜晚的风轻轻吹进房间，带着清凉气息。陆径伸手摸了摸旁边桌上的鸡蛋篮，想起了白天和鸡打交道的情景。这些日子充满了真实的触感，泥土的气味、汗水的黏腻，以及鸡群突然骚动时扑翅而起的喧闹声。这是一种从未体验过的生活，真实而生动，每一刻都充满质感。林那斯和苏加嘉曾劝他："人各有天赋，各有所长。"此刻，他终于理解了这句话的意义，不由自主地笑了。

顶峰的风景固然壮丽，但站在山脚下，仰望星空，脚踩泥土，也自有它的美好。

那个夜晚，他终于睡得安然舒适。此后的每个白昼与黑夜，他都在这份平和中，静静地与生活握手言和。

43 星星之火，可以燎原

陆径在农场里挥汗如雨，与数不清的鸡打交道，摸索着如何在泥土与喧闹中找到生活的节奏。而此时，苏加嘉正坐在香港金融中心的高楼里，身后是钢筋丛林般的摩天大厦，脚下则涌动着资本的浪潮。

他面前的几个巨大屏幕上，数字与图表跳动不止，市场数据像是一场快节奏的舞蹈，瞬息万变，却又暗藏逻辑。他的手指在键盘上飞快敲击，调整算法参数，优化交易策略，试图在每一个波动中找到最优解。在这种高速运转的环境里，胜负只在毫秒之间，程序的反应速度、模型的优化程度，甚至代码的执行效率，都会影响最终的收益。

"苏加嘉，最近的收益不错啊。你开发的那套交易系统，反应确实很快。"

和苏加嘉说话的是李满，创新班早些年毕业的学长，也是这家量化基金的创始人。大学毕业后，苏加嘉便加入了李满的团队，在这里，他曾经在信息学竞赛中积累的数学能力和算法技巧得到了最大程度的发挥。那些曾在信息学竞赛里反复推敲的公式与代码，如今已成为他在市场迷雾中穿梭、寻找盈利空间的武器。

"是吧，亏了的话可别怪我。"苏加嘉一边调试模型，一边打趣回应。

"得了吧，你可别乌鸦嘴。诶，下周就是国庆节假期，你有什么打算？"李满笑着问道。

"我打算回趟老家，离香港很近，顺便看看高中时候的信竞老师。"苏加嘉答道，语气里带着一丝怀念。近几年，苏加嘉忙于量化基金系统的开发，即使假期回老家，也总是匆匆而过，很少有机会去高中校园看看。这次，他决定抽出时间好好走一走，回到那个引领他走上信息学竞赛道路的地方。

校门口的变化让苏加嘉有些恍惚。原本狭窄的道路拓宽了许多，干净整洁；那些曾经热闹的小摊小贩，如今也早已不见踪影。校门口还安装了人脸识别系统，科技感十足。他站在校门口等着何老师来接自己，心中带着些许期待和感慨。

"苏加嘉！"

远远地，他看到何老师快步走来，声音依旧洪亮有力。

"老师，您看着还是那么精神。"

"哪儿啊，老喽老喽！"何老师笑着摆摆手，带着他走进校园。

两人沿着熟悉的校园小路边走边聊。何老师指着教学楼感慨地说："那时你就在这栋楼上课，对吧？机房还在那边，不过现在改建了，换了新的设备。"

校园里已经发生了许多变化，新的教学楼拔地而起，操场也翻修得焕然一新。但某些熟悉的角落依然勾起了苏加嘉的记忆。他仿佛还能看到当年的自己，背着书包，匆匆跑向机房的样子。

"我看这几年学校的信竞成绩好像一般？"走着走着，苏加嘉忍不住问起了自己最关心的话题。

何老师叹了口气："是啊，你走了以后，我们再也没有出过金牌选手了。"

苏加嘉点点头，心里有些失落。他的高中本就不是信息学竞赛的传统强校，当年也只是偶尔能出几个银牌选手，而金牌选手，苏加嘉是独一份。虽然和竞赛强校相比，这些成绩可能也就是竞赛强校一年的成果，但这些成绩背后，已经是何老师倾尽心力的付出。他还记得，当时何老师经常请那些获奖的学长学姐回来给学生们讲解题目、传授经验，这才让学校的信竞氛围逐渐建立起来。

"其实这几年学校也试着做了很多努力，但条件还是有限。"何老师语气里透着些许无奈，"优秀的学生资源被传统强校吸走了不少，竞赛的难度也越来越高。以前还有一些拿牌选手回学校给大家讲解，现在题型、风格都有变化，我们学校又没有再出过很强的选手，也就没有特别好的资源来引导学生了。再加上，老师们的知识也有限，想教得更深，确实难啊。"

"老师，您别这么说。"苏加嘉赶忙安慰，"好的老师，最重要的是眼界和那颗为学生着想的心。这些年来，您带出来的学生足以证明您的能力。资源的问题，总还有其他方法来弥补。"

何老师摇了摇头，苦笑着说："说得轻巧，可要真正做起来，并不容易。

现在优质教练和资源都往大城市和重点学校去了，像我们这种小地方的学生，往往因为缺乏资源，难以走得很远。"

听着何老师的叹息，苏加嘉的思绪回到了当年。他清楚地记得，何老师第一次发现他在信息学竞赛方面的天赋时，眼里流露出的那种欣喜和期待。

"你在算法上很有感觉，比同龄人敏锐得多。你喜不喜欢信息学竞赛？要不要试一试？"何老师的这句话，便是苏加嘉走上信息学竞赛道路的开始。

从那以后，何老师竭力为他创造最好的条件——带着苏加嘉和其他学校的金牌选手交流，亲自联系外面的竞赛培训机构，说服苏加嘉的班主任，给苏加嘉探索代码世界的自由。

没有何老师当年的努力，或许他的人生轨迹会完全不同。

国庆假期结束，苏加嘉又回到了金融世界的名利场。巨大的屏幕上，数字和图表不断跳动，收益曲线稳步攀升，这些不仅象征着资本的增长，也映照着他的职业成就。然而，有时盯着这些数字，他会陷入短暂的失神。

他的脑海里，总会浮现出何老师那张写满无奈的脸。老师的叹息回荡在耳边："像我们这种小地方的学生，资源有限，往往难以走得很远。"这句话如同一颗种子，在他心里生根发芽。

他清楚自己在量化基金的世界里已取得辉煌的成就，金钱和名利源源而来，但这种成就感似乎有些单薄。每当想到那些在信息学竞赛之路上摸索，却找不到方向的学生，苏加嘉心里总会升起一种隐隐的责任感。他逐渐意识到，或许自己能为这些孩子做点什么，为他们创造一些机会。

一天晚上，趁着工作间隙，他把这个念头和李满聊了聊。

"李满，我不是一个矫情的人，也从未否定金钱的价值。但我总感觉，现在的情况，我或许可以做点别的，不只为了收益。"苏加嘉顿了顿，认真地说道，"我想办一个完全免费的竞赛训练营，面向全国招募那些热爱编程但资源匮乏的学生。"

李满放下手里的咖啡杯，认真地看着他："免费的信息学竞赛训练营？"

"对。我当年就是因为有何老师不遗余力的支持才有了今天的机会。可是，不是每个学生都有这样的老师，也不是每个地方都有这样的资源。既然我现在有能力，能不能为他们做点什么？"

李满沉思片刻，随即点点头："我觉得可行。现在基金的收益不错，我们确实有能力支持这个免费的训练营。而且，这也算是尽一份社会责任。让更多有潜力的学生被看到，也是一件很有意义的事情。"

"真的可以吗？"苏加嘉有些惊喜。

"当然。你去制定计划吧，把预算列出来，我们来支持这件事。"李满拍了拍苏加嘉的肩膀，语气中透着信任，"你当年的坚持和天赋带来了今天的成绩，也许现在，是时候把这份机会传递给更多的人了。"

有了李满的支持，苏加嘉立刻投入训练营的筹备。他以高效的执行力推进每个环节，力求把这件事做到极致。

训练营的核心理念是"让热爱编程的学生，不因资源匮乏而止步"。他们通过线上和线下的渠道，在全国范围内发出招募通知，并特别面向那些来自偏远地区和普通学校的学生。

苏加嘉亲自设计筛选机制，重点考察学生的学习潜力和对编程的热爱，而非单纯的现有成绩。他还邀请了信息学竞赛的资深教练、大学教授，以及包括他自己在内的竞赛金牌选手担任导师。同时，李满的基金为训练营提供全额支持，学生的食宿、培训和交通费用全免。

尽管这个小型的免费训练营取得了巨大成功，但苏加嘉逐渐意识到，线下活动的规模和时间始终有限，远远无法惠及更多的孩子。如果想真正改变更多人的命运，他需要更高效、更广泛的方式。于是，一个更大胆的想法在他脑海中浮现——打造一套覆盖全国的在线信息学竞赛课程平台。

然而，要实现这个想法，他需要组建专业团队，也需要投入更多时间和精力。苏加嘉很清楚，这意味着他无法再一边工作，一边兼顾项目。经过数周深思熟虑，他做出了一个重大决定。

在一个周五的午后，阳光透过玻璃窗洒进办公室，苏加嘉推开李满办公室的门，走到桌前，将一封辞呈轻轻放下。李满看到辞呈，愣了一下，抬头看着苏加嘉："你要辞职？去全职做编程竞赛教育？还是以公益为主？"他皱了皱眉，"你怎么养活自己？"

苏加嘉笑了笑："早期的资金我觉得不用太担心，这几年在你这里赚了不少钱。"他的语气轻松，但眼神却十分坚定。"我想设计一套完整、系统的在线信息学竞赛课程，让全国各地的学生，特别是那些资源匮乏的学生，也能有机会学习这些内容。"

李满沉默了一会儿，靠在椅背上，问道："那你打算怎么定价？公益性质的项目，价格太低，你又如何维持运营？"

"我想在不亏本的情况下，以尽可能低的价格来提供这个课程。"苏加嘉回答，"然后，用这个课程的收入支持后续的免费训练营。如果遇到真正有潜力的孩子，我不希望他们因为经济问题错过机会。对那些条件特别困难的孩子，我们可以提供全额资助。"

李满听完，无奈地摇了摇头，脸上却露出一抹笑意。他盯着苏加嘉看了片刻，眼神中多了几分复杂的情绪——既有遗憾，也有由衷的敬佩："你都想得这么清楚了，看来是势在必行，我要失去一棵摇钱树了。"

"哪有这么夸张。"

李满沉吟片刻，最终伸手拍了拍他的肩膀，郑重说道："不过，不管怎么说，我还是支持你的选择。这件事，确实不是所有人都有勇气去做的。要是需要资金支持，随时开口，我们基金会尽力帮你。这儿的大门也一直为你敞开，想回来，随时都可以。"

离开量化基金后，苏加嘉全身心投入到团队组建与课程开发中。

他邀请了信息学竞赛领域的资深教练和金牌选手，共同打造一套系统化的竞赛课程。从零基础入门，到算法、数据结构、经典题型解析，再到高级竞赛技巧，确保不同层次的学生都能找到适合自己的学习路径。他们采用直播和录播结合的方式授课，直播课可以与导师实时互动，而录播课则让学生能够根据自己的节奏灵活安排学习时间。林那斯和陆径也被苏加嘉邀请来作为课程的特别讲师。

"我们要确保，哪怕是最基础的学生，也能轻松理解课程内容。"苏加嘉反复强调。他亲自参与课程的编写，力求每个知识点的讲解都深入浅出，简洁明了，最大程度降低学习门槛。

为了让经济条件有限的孩子也能负担得起，苏加嘉特意制定了极低的课程定价，并设置了针对贫困家庭的免费报名政策。此外，那些在课程中表现突出的学员，还能被选拔出来，免费参加线下训练营，甚至获得由专业教练提供的一对一深度辅导机会。这样的机制，让学生们不仅可以系统学习，还能获得更多精英教育资源，进一步激发他们的潜能。

课程平台上线后，迅速吸引了全国各地的学生，尤其是来自三四线城市和乡村地区的孩子们。许多家庭以前从未想过，自己的孩子有机会接触高质量的信息学竞赛培训。现在，这个平台打破了地域和经济壁垒，让优质教育资源触手可及。

"以前我们根本不敢想孩子能参加这样的培训，太贵了。现在不仅学费低，而且课程讲得特别好，孩子学习起来特别有劲头。"一位来自乡村的家长在平台留言中写道。

随着课程的推广和学生的不断加入，苏加嘉的线上平台逐渐成为信息学竞赛学习领域的知名品牌，为那些缺乏资源的孩子架起了一座通向梦想的桥梁。许多来自小地方的学生通过课程，从零基础成长为省队甚至国家队的一员；更多的孩子则通过课程第一次接触编程，开启了全新的未来之路。苏加嘉也让团队将课程内容从竞赛技巧扩展到职业发展指导，帮助更多孩子看到广阔的编程世界。

但有一点始终未变，苏加嘉坚持让课程价格尽可能低，让真正有潜力的学生免费进入训练营深造。他坚信，教育的本质是消弭差距，是让每个孩子都拥有追梦的机会，而不是因为经济条件或地域资源的限制，被剥夺可能性。

当然，这一切并非一帆风顺。

随着课程的火爆传播，质疑的声音也随之而来。有些人认为苏加嘉在利用"世界冠军"的头衔牟利，甚至在知乎上出现了一个热门问题："如何看待世界冠军苏加嘉直播卖课？"

某天，李满无意中刷到知乎上的这个热门话题，他想了想，随即转发给了苏加嘉，并附上一句带着调侃意味的留言："后悔吗？要不要回来帮我多赚点钱？"

此时，苏加嘉刚刚结束一场特别的线上辅导课。那是一个来自农村的孩子，天赋异禀，却因家境拮据差点错失接触编程的机会。通过线上课程的学习，他在竞赛中展现出惊人的潜力，苏加嘉对他的努力印象深刻，便亲自邀请他免费参加线下训练营，助力他冲刺省队。恰好，林那斯和陆径也在线，苏加嘉干脆把他们一起拉进教室，三人一起给这个孩子讲课。

林那斯用最直观的方式拆解复杂的动态规划，陆径则分享了他对图论高级题型的思考。屏幕另一端，孩子的眼里闪烁着兴奋的光芒，每次点头回应，仿佛就有一束新的希望在他的世界里点燃。

苏加嘉回到办公室，看到李满的消息时，不禁笑了笑。他回忆着那个孩子眼中的光亮，随即打字回复："不后悔，我知道自己获得了多大的'收益'。星星之火，可以燎原。"

李满看着这条简短的回复，靠在椅子上，陷入了沉思。他转头望向窗外，繁华都市的万千灯火像一片星海，映照在他的眼里。他轻声重复了一遍苏加嘉的话："星星之火，可以燎原。"

是啊，还有什么收益能比得了点燃一束希望的火光呢？

那些火光虽然微弱，却足以穿透黑暗，带来无数新的可能；那些被点燃的希望，或许会在未来的某一天，汇聚成燎原之势，改变更多人的人生轨迹。

44 女生也可以走很远

林那斯、陆径和苏加嘉在各自的领域迎接挑战，在探索中找寻属于自己的方向。而与此同时，夏茵和顾韵也在以各自的方式努力生活，积蓄能量。

巴塞罗那，在这座充满艺术活力与阳光的城市里，夏茵和顾韵再次相见，像是命运精心安排的一次重逢。

夏日清晨的巴塞罗那，阳光温暖而不炙热，带着地中海微风的清爽气息。会议中心外，顾韵悠然地坐在长椅上，手里端着一杯热气腾腾的咖啡。他身着一袭明艳的红色连衣裙，在晨光下格外醒目。她微微抬头望着湛蓝的天空，又扫了眼茂密的树冠，目光偶尔掠过熙熙攘攘的人群，心里难得感受到片刻放松。

毕业之后，顾韵一直忙于创业，几乎没给自己留过喘息的空间。从天使轮到 A 轮，公司一步步站稳脚跟，但她始终知道，资本的耐心有限，融资只是暂时的支撑，真正能让公司存活下去的，仍是商业化落地与盈利。生活仿佛被无尽的事务填满，每一天都在计算、谈判、决策中度过，而如今，这座陌生的城市给了她片刻缓冲，像是从忙碌的生活里偷来一段悠闲时光。

"学姐，不好意思，来晚了一点。"不远处，一个熟悉的声音响起。

顾韵转头，看见一个背着书包、步履轻快的身影正朝自己走来。夏茵依旧是一头清爽的短发，戴着眼镜，脸上带着熟悉而温暖的笑意。她看起来与学生时代没太大区别，但眉宇间多了几分沉稳和自信。

"没事，我正好偷得浮生半日闲，吹吹风。"顾韵笑着招呼夏茵坐下，"来，快和我说说，你最近怎么样？读博还顺利吗？你导师可是赫赫有名的大人物啊。"

夏茵在她身旁坐下，笑着点点头："还算顺利。密码学和数学、计算机科学结合很紧密，感觉自己既能追求热爱的数学，又没浪费在创新班费尽心力学过的计算机知识。倒是学姐你，看新闻说你们公司融资很顺利，发展得不错吧？"

"还行吧。"顾韵微微叹了口气，放下咖啡杯，语气里带着几分感慨，"光靠融资肯定撑不了多久，真正能存活下来的公司，靠的还是盈利。现在的重点就是加快商业化落地，早点让公司自负盈亏。这次来西班牙，也是为了见投资人。"她笑着看向夏茵，"刚好刷朋友圈，看到Eurocrypt（欧洲密码年会）在这儿开会，想着你可能会来，随口问了一句，没想到还真能在异国他乡碰上！要不然，我们得多久才能再见一面？"

人生的轨迹总是如此奇妙，各自奔赴不同的方向，却又在某个不经意的时刻重新交汇。

两人你一言我一语地聊着，话题从彼此的近况很快转向共同认识的朋友。太阳渐渐升高，Eurocrypt的第一场会议即将开始，参会者陆陆续续走进会议中心。顾韵环顾四周，目光在人群中扫过，忽然笑着说道："诶，我发现一个有趣的现象，你们这个会议的女生比例好像挺高的。比起计算机领域的其他会议，真是罕见。是因为和数学交叉多一些？但数学领域的女生比例也没这么高吧？"

"学姐，你观察力真是敏锐。"夏茵推了推眼镜，笑着点头，"确实如此，密码学的会议里，女生比例相对高很多。"

"为什么呢？"顾韵好奇地问。

"你知道Shafi Goldwasser吗？"夏茵的语气带着几分敬意，"2012年的图灵奖得主，现代密码学的奠基人之一。她不仅在学术上成就卓越，还一直在鼓励和培养女性研究者。她的学生继承了这份精神，继续培养、支持更多的女性进入密码学领域。就这样，一代代传承下来，逐渐改变了整个领域的性别比例。"

顾韵听着，眼眶微微发热。她知道，自己一直是夏茵的榜样，大学时，夏茵就是看着她一路披荆斩棘成长起来的。所以她总是努力展现出坚定、自信的一面，尽量不让夏茵看到自己的脆弱和迷茫。但这并不意味着，她没有经历过那些艰难时刻。作为集训队里唯一的女选手，作为科技领域中少数的女性创业者，她记得那些质疑的目光，也记得自己曾在这些目光中挣扎、怀疑过自己的能力。她深知，走出那些不自信，需要付出多少努力。

她深吸一口气，缓缓开口："真的很难想象，仅凭一个人的力量，改变了一个领域的女性比例。有她这样的榜样，真是太珍贵了。"

"是啊，若不是亲眼所见，我都不敢相信。"夏茵点头，眼神坚定，"学姐，还记得以前在学校食堂，在校门口的小饭馆里，你跟我说过的话吗？你鼓励我相信自己，也许未来，也会有女生因为我而走得更远。"

"当然记得。"顾韵微微一笑，眼里闪烁着怀念的光，"那时候你说我是你的榜样，我就告诉你，有一天你也会成为别人的榜样。现在你看看，是不是已经做到了？不仅走得更远了，还亲自见证了 Shafi Goldwasser 这样动人的故事。"

夏茵轻轻笑了，目光里透着些许感慨，"学姐，其实你现在依然是我的榜样。每次遇到困难，我都告诉自己，要坚持下去，要做得更好。也许有一天，我的坚持能给更多想学密码学、数学、计算机的女生一点信心，让她们看到希望。"

"是啊，从今天起，Shafi Goldwasser 也是我的榜样。"顾韵微微点头，心中涌起一股深深的敬意。她曾无数次思考，女性在科技、学术和创业领域到底能走多远。今天，她在夏茵的讲述中，在密码学这片独特的学术领域，亲眼见证了女性影响力的深远。她更加确信，勇敢追求梦想的女性，从来不是孤单的。每一位坚持信念、努力前行的女性，都有可能实现自己的目标，即便是在传统观念里男性占据优势的领域，也一样可以开辟属于自己的天地。而她们的每一次突破，都会成为后来者眼中的光，照亮一条更加宽广的路。

两人聊了很久，直到顾韵看了看表，才猛然想起时间："哎呀，我这次来不及和你吃午饭了，我得准备一下，下午要去见投资人。"她站起身整理了一下衣服，正准备离开，却发现夏茵几次欲言又止地看向自己，脸上满是犹豫。顾韵被她这副模样逗得有些想笑，停下动作，挑眉问道："怎么了？还有什么话不能说的？"

"学姐，你知道陆径以前喜欢你吗？"夏茵犹豫了一下，还是开口了。

顾韵微微一怔，倒不是因为惊讶，而是没想到夏茵会突然提起这件事。

夏茵没有等她回答，而是拿出手机递过去，屏幕上显示的是 GitHub 的一个代码页面（Github 是很多程序员选择开源代码的平台）。她指着屏幕说道："前两天是我和男朋友的纪念日，他突发奇想，想用我们的聊天记录生成一个关键词云。结果在找相关代码时，碰巧看到了这个。这串代码是陆径发布的，你看，这是他的 ID，你再看看代码的最后一行。"

顾韵顺着她的指引看过去，视线落在代码底部的一行小字——

"This is part of the farewell gift for my beloved one."

顾韵脑海中迅速回想起那年她出国实习时，陆径送给自己的那份特殊礼物——一张用她和所有龙舌兰队聊天记录生成的关键词云。当时，她还半开玩笑地夸他"真用心"，而陆径却只是笑了笑，轻描淡写地说是用了"现成的代码"。

原来，那不仅仅是"现成的代码"。

她看着屏幕上的那行小字，忍不住笑了笑，坦然地说道："我知道。"

夏茵瞪大了眼睛，有些不可思议："学姐你早就知道了？"

顾韵点点头，语气温和："嗯，在篝火旁，怎么会感受不到温暖呢？"

她的声音轻快，没有丝毫尴尬，也没有刻意回避，反而透着一丝感激和怀念。"其实我特别感谢陆径，他从来没有把这件事说出口，避免了很多不必要的尴尬，也让我们能一直做朋友。这份默契，很难得。"

夏茵听着，似乎有些触动，轻轻点了点头。

"在青春岁月里，被一个人真心喜欢过，是一件很珍贵的事。"顾韵没有把这句话说出口，而是把它轻轻收进心里，带着一丝感慨和温暖，珍藏在心底的某个角落。

她轻轻拍了拍夏茵的肩，露出明朗的微笑："好了，不说这些了，我得去准备下午的事情了。你也加油，未来一定会更好。"说完，她背起包，步伐轻快地离开了。她知道，自己身后有陆径曾经真心对待的珍贵情感，有夏茵成长后给予的信任支持，还有 Shafi Goldwasser 的故事带来的深深触动……所有这些点点滴滴汇聚成一股力量，让她更加坚定。

哪怕作为女性科技创业者，她不可避免地要在某个会议室里，面对投资人隐晦挑剔的目光；哪怕偶尔会遇到一些因为性别而质疑她专业能力的人……但那又如何？想到这些，顾韵更自信坚定地朝前走去。

夏茵坐在长椅上，目送着顾韵的背影渐行渐远。阳光洒在她的肩头，为她镀上一层温暖的光辉，仿佛在为她照亮通往未来的道路。

45 龙舌兰未解散

毕业后的岁月里，龙舌兰三人组各自走向了不同的方向，世界仿佛将他们推往不同的轨道，但彼此的联系从未断绝。

毕业十周年后，一张请柬给了大家从世界各地飞回中国相见的理由——林那斯和时悦十一假期在两人的家乡东海举办婚礼。

"你紧张吗？"苏加嘉看着林那斯，笑着问道。

林那斯难得地沉默了一下，片刻后，他低笑着摇头："当年世界总决赛的压力比现在大多了。"

"哈，说得也是。"陆径拍了拍他的肩，"不过，我姐一直说你小子运气是真好。"

林那斯轻轻看向远处，目光落在穿着婚纱的时悦身上，陆宁在她旁边整理婚纱的裙摆。

"这可不是运气。"他说道，语气平静又温柔，"是最优解。"

婚礼圆满落幕，亲朋好友的祝福、久违的重逢、热闹的庆祝，所有的一切都让林那斯和时悦的婚礼格外特别。

婚礼结束后，林那斯和时悦休整了几天。一天，林那斯问时悦："婚礼结束了，有没有什么特别想去的地方？"

时悦想了想，笑着说道："难得大家都回来了，要不，我们约大家一起回学校看看？"

于是，才有了龙舌兰三人组在机房的新生选拔赛上虐爆新生的一幕。

此时，三人整整齐齐地站在叶老师面前，仿佛时光倒流，回到了那些年里无数次站在他面前的瞬间——

初次组队成功时，他们带着青涩的期待和忐忑，站在叶老师面前，等待着未来的启程；

第一次世界总决赛失败，三个光头，带着不甘与遗憾站在叶老师面前，努力消化失利的苦涩；

成功创造历史，捧着冠军奖杯，带着无法抑制的喜悦和骄傲，站在叶老师面前，告诉他，他们圆满完成了任务。

而今天，他们再次站在这里，不再是参赛选手，不再是拼尽全力只为证明自己的少年，而是回到曾经奋斗的起点，见证时间流转，见证他们留下的足迹，依然闪闪发光。

叶老师的身影依旧挺拔，只是鬓角多了一些白发，但眼神仍然坚定而深邃。而在叶老师身后的橱柜里，已经不仅仅是他们当年夺得的世界总决赛冠军奖杯——在那里，整齐地摆放着一座、两座、三座……后来的学弟学妹延续了他们的传奇，继续在世界总决赛场上摘得桂冠。

林那斯望着那一排熠熠生辉的奖杯，心中泛起一丝暖意："叶老师，这些年学校的信息学竞赛队伍很强啊，好几次都拿到了世界总决赛的冠军。您辛苦了！"

叶老师微微一笑，语气里满是欣慰："还是要感谢你们三个小子。当年，你们在赛场上写下的，不只是属于你们的传奇，更是整个队伍的起点。你们的胜利给了后面一代代人信心，让他们知道，中国的编程竞赛水平，已经走在了世界的前列。"

苏加嘉笑着摆摆手，打趣道："这是不是说明，我们三个人的代码库真的很好用啊？"

陆径轻轻摇头，接过话："不只是我们三个人的代码库，而是所有人的代码库。每一代人都在往里面添砖加瓦，让它变得更好，让后来的人站得更高。"

他们的传奇，早已不只是一个故事，而是一段被后来者续写的征程。他们也不只是他们，更是信息学竞赛这个赛场、浦江交通大学 ACM 集训队和中国信息学竞赛历史的一部分。

从叶老师办公室出来，时悦和陆宁还在拜访法学院的老师，陆径于是提议，"要不咱们去 π 教室再看看？"

三人推开 π 教室的大门，熟悉的气息扑面而来。桌椅依旧整齐摆放，白板上还残留着未擦干净的公式与推导痕迹，仿佛时间在这里按下了暂停键。

林那斯扫视了一圈，嘴角微微扬起："没什么变化啊，和咱们当年一样。"

"是啊。"陆径感叹，"以前每次通宵训练、比赛，四处找教室，最后总是这间 314 教室空着。这里见证了我们多少奋斗的日子啊。"

"所以，它才是我们心中的神奇 π 教室嘛。"苏加嘉笑着补充。

不一会儿，时悦和陆宁结束拜访老师，赶到神奇的 π 教室时，看到三个人围在白板前，激烈讨论着一道最新的竞赛题目。陆径一手拿着白板笔飞快地写公式，林那斯皱着眉，苏加嘉不断摇头，两人轮番打断陆径，试图让他停下来重新思考。

时悦眯了眯眼睛："真怀念啊。"

"是啊，这三个人，还和当年一样。"

和当年一样，那种对信息学竞赛的热爱、努力奋斗和不服输的精神似乎从未远去。

随后，一行人来到学生时代最喜欢的小饭馆，熟悉的店面、熟悉的摆设，甚至菜单都没有太大变化。

"真不容易啊，这家店开了这么久还在。"时悦感慨道。

"说明群众的眼光是雪亮的。"陆宁笑道，"好吃、实惠、干净，能开这么久，不奇怪。"

林那斯从背包里拿出一瓶酒，酒瓶在灯光下泛着微微的金色光泽，瓶身上刻着优雅的字样：Tres Agaves。

"这酒是我特地从加州带来的，你们尝尝。"他一边说着，一边将酒摆在桌上。

"什么酒？"陆径好奇地问。

"龙舌兰酒。"林那斯微微一笑，"而且'Tres'在西班牙语里是'三'的意思。我专门查了一下，这瓶酒是由三种龙舌兰调配酿造的，三种风味交融，形成了独特的口感。不觉得这就像我们的龙舌兰队吗？三个性格截然不同的人，却凝聚在一起，共同成长，创造奇迹。"

陆径笑着摇头："你这一番话说得好煽情。"

苏加嘉举起酒杯，眼神中透着些许怀念："别说他煽情了，我最近回头看我们的训练小结，也不知道是不是年纪大了，有时候看着看着竟然有点落泪的冲动……人一生能奋不顾身去做的事情并不多，而在这个比赛上，我觉得我们是真的全力以赴了。"

"所以，今天这一杯，敬我们一起拼过的岁月！"

"敬龙舌兰队，敬曾经的我们！"

"敬龙舌兰未解散！"

酒杯轻轻碰在一起，酒香弥漫，映着灯光，折射出粼粼的光泽。

……

龙舌兰未解散，千千万万和龙舌兰队一样的中国信息学竞赛队伍未解散。

未解散的，是信竞精神，是无数个深夜刷题的孤灯，是团队协作中无声的默契，是查错时一次次的推翻重来，是站在赛场上心跳加速却依然冷静思考的沉稳。这份精神，不仅属于龙舌兰队，也属于所有为了信息学竞赛燃烧青春的人们。

未解散的，是不服输的执着。是面对复杂赛题时咬牙的坚持，是面对失败时不甘心但仍选择重新出发的信念，是无论身处何地，看到算法、数据结构仍然会心生涟漪的共鸣。

未解散的，是薪火相传的信念。每一支曾经站上赛场的队伍，都曾承蒙前辈的教导和指引，也会将自己的经验和信念传承给后人。从顾韵到林那斯，再到新一代的竞赛少年，每一代人都曾站在前人的肩膀上，也会为后来者铺路。这不仅仅是一场接力赛，更是一种精神的延续，让信竞的火焰在一代代人中燃烧不息。

未解散的，是面对未来的勇气。无论是在信竞的舞台上，还是走向更广阔的世界，这种拼搏精神都不会消散。无数竞赛选手在比赛后投身科研、工业界、金融……赛场变了，但那种面对难题时的思维方式、解决问题的决心、突破自我的勇气，依然在他们的血液中流淌。

龙舌兰未解散，信息学竞赛的精神未解散——它不会因比赛的终结而消散，也不会因岁月的流逝而被遗忘。这种精神，存在于每一个写下 "Hello World" 的少年的初心里，存在于每一个深夜 debug 的屏幕前，存在于每一次集训的汗水中，存在于每一个梦想在世界信息学竞赛总决赛赛场上勇夺冠军的少年心中。

林那斯、陆径、苏加嘉只是千万中国信息学竞赛少年的代表，龙舌兰只是众多中国信息学竞赛队伍中的一个名字。但信息学竞赛的精神，将超越时间，超越赛场，生生不息，永不解散。

朋友的话

（按出道顺序排序）

戴文渊

第四范式创始人、CEO
ID：Arthur King、AK
ACM-ICPC World Finals 2005 冠军

作为书中很多事件的旁观者甚至是经历者之一，我怀揣着满满的感动与自豪，向大家推荐这本凝聚着无数心血与回忆的书。

在信息学竞赛的漫长征途上，我们都曾是孤独的追光者。还记得初次接触信竞时的懵懂，面对复杂算法时的迷茫，以及无数次失败后的挣扎。但也正是那些日日夜夜的钻研，与队友并肩作战的默契，还有突破瓶颈时的欣喜，构成了独一无二的信竞青春。这本书的诞生，源自我们内心深处对这段经历的珍视，那些不该被遗忘的故事，那些值得铭记的精神，促使作者将它们一一记录。

创作过程中，作者于纪实与虚构间反复权衡，最终采用半纪实、半虚构的模式，恰到好处地还原了信竞生活。书中的每场比赛、每个关键问题，都是我们真实经历的映射；而三位主人公，更是汇聚了众多信竞人的身影。看到书中的情节，曾经的画面就会在眼前不断浮现，那些为比赛挑灯夜战的日子，赛场上的紧张与专注，还有赛后的反思与成长，每一幕都清晰如昨。

这本书不只是记录，更是一次深刻的探讨。它让我重新思考天赋与努力的关系，认识到成功并非只有一种定义。

书里的彩蛋，是独属于信竞人的浪漫。主人公名字的巧妙设计，"龙舌兰"队名背后的寓意，都承载着我们对信竞的热爱。"龙舌兰未解散"，不仅是书中角色的情谊延续，更是信竞精神代代相传的象征。

真心希望大家能翻开这本书，走进信息学竞赛的世界，感受那份热血、坚持与成长。相信它会带给你触动，让你看到在代码与算法背后，是一群怀揣梦想的人在闪闪发光。

楼天城

小马智行 Pony.ai 联合创始人、CTO
ID：ACRush
IOI 2004 金牌，ACM-ICPC World Finals 2007 & 2009 金牌、亚军，Google Codejam 2008 & 2009 冠军，Topcoder Open 2010 Algorithm 亚军、2015 Marathon 冠军，Facebook Hacker Cup 2022 亚军

距离我第一次参加 ACM 竞赛已过去 20 年，直到今天，我依然会抽出时间回到赛场上。我常常问自己，是什么让我始终如一地保持对 ACM 竞赛的热情和执着？或许答案就在于 ACM 竞赛的魅力。

在 ACM 竞赛的世界里，大家总能第一时间达成共识：先攻克难关，再分享解法——每一次成功绝不是轻描淡写，而是每位选手辛勤探索的结果。这里没有夸夸其谈，只有对完美代码的不懈追求与互相学习的默契合作。

算法能力的提升、比赛成绩的进步，以及赢得大家的认可，都是长期积累的过程，而非一蹴而就。在 ACM 赛场上，每一次代码的精进、每一场比赛的磨炼，都是在为整体能力的提升打下基础。这种积累需要时间的沉淀，而时间也最终会带来厚积薄发的力量。

书中细腻描绘了许多看似平凡却令人动容的故事。没有戏剧化的惊险转折，却充满真实的力量。真正的冠军不是依靠侥幸的逆转，而是在起跑时便奠定优势，稳扎稳打一路领先。这种无悬念的胜利，或许不符合人们对冠军的传统印象，但正是这种掌控全局、不慌不忙的自信，才是冠军应该有的样子。

希望每一位读者能从书中感受到那些默默耕耘的时光蕴含的深远意义，在自己的人生旅途中，找到无畏向前的动力。

唐文斌

旷视联合创始人、CTO
ID：Bamboo, OpenGL
ACM-ICPC World Finals 2008 银牌

回想中学和大学时光，印象最深的事情就是 OI、ACM 等编程竞赛的经历。从初中接触 Pascal 而后参加 NOIP，到在 ioiforum、mydrs 等网上论坛结识志同道合的小伙伴，一起在网上做题，一起讨论，互相学习，再到参加 NOI、ACM/ICPC、Topcoder 等一系列惊心动魄的比赛，最后成为集训队的教练，负责命题和选拔工作，整个经历至今依然历历在目。

在这段历程中，我付出了无数努力，也收获了巨大成长。编程赋予我用算法思维审视世界和解决问题的能力，竞赛经历更是让我结识了一生的挚友，并找到内心真正的热爱与职业方向。过程中，有太多的惊喜不期而至——只要你愿意为之付出，美好的事情便会自然而然地发生；当然，也不乏挫折与遗憾，毕竟并非事事都能如愿以偿。然而，正是这些惊喜与遗憾交织的经历，成为人生最宝贵的财富，教会我们关于生活与成长的深刻道理。

师弟商静波创作这本书，希望我们曾经经历过的故事，能够给更多人带来启发，就像那些热血动漫一般。

陈丹琦

普林斯顿大学终身教授
ID: Cheryl
IOI 2008 金牌，ACM-ICPC World Finals 2010 银牌

准确地说，我已经离开信息学竞赛这个圈子将近 15 年了，但它对我的影响一直很深远。

20 年前结识的朋友，如今虽然活跃在各自不同的领域，但因为那段共同的经历，我们依然是很好的朋友。直到今天，有时在学术演讲结束后，常有学生走过来对我说："我高中时就听说过您了。"每每此时，我都会感到无比亲切。

甚至现在，当我们在研究如何用大语言模型（LLMs）解决一些复杂的算法难题时，依然会想起当年在竞赛中面对的那些挑战和策略。

我很高兴，今天有这样一本书，把信息学竞赛的那群人、那段时光呈现出来。尤其作者商静波作为我的学术同行，仍然对算法和编程保持着这份热爱，更让我很自然地想为这本书写下几句话。

时代虽已变迁，但我希望今天的年轻人读到这本书时，能看到我们这代人的一段经历，从中找到属于自己的热爱与坚持。无论是面对代码、算法，还是人生更大的未知，每一代人都有属于自己的问题和答案。而这本书，或许能成为他们迷茫时的一点陪伴和启示。

金　斌

前 Google 员工、目前在国内某量化交易公司工作
ID：crazyb0y, bjin
Topcoder Open 2009 Algorithm 冠军、High School 冠军，ACM-ICPC World Finals 2010 冠军，
ACM-ICPC World Finals 2013 亚军

　　大学时期，对大多数人而言是人生中最珍贵、最难忘的时光。而对我而言，大学时光的大部分都被 ACM 竞赛所占据。对不了解 ACM 竞赛的人来说，或许很难理解：为什么一个需要三个人坐在电脑前五个小时，拿着纸质题目在草稿纸上涂涂改改，揪着头发苦思冥想，最后却只能用一台电脑编写代码的比赛，会如此让人着迷？为什么人们会不由自主地投入全部精力，去争取更好的名次，站上更高的赛场？如果这个问题问的是十年前刚毕业的我，我会毫不犹豫地回答：因为 ACM 本身非常有趣。当面对一道场上无人能解的难题，绞尽脑汁仍无头绪时，或许一瞬间的灵光就会带来思路，就像黑暗中透进一丝曙光。在激动又忐忑的心情中反复推算，确认这是正确且可行的解法时，内心早已激动不已，却必须控制情绪，因为想出解法只是第一步。当在机器上顺利写完代码，直接通过测试样例，第一次提交就得到"Accepted"（题目被正确解答）的结果时，那种激动才得以释放，无需再压制。这种强烈的正反馈让人不自觉地上瘾。而解出一道有趣的题目，惊叹于解法的精巧与优美时，也会涌起对人类智力的自豪感，激励自己探索更多、更精妙的算法。

　　然而，十多年后的今天，我的回答已有所不同。如今，LLM 模型飞速发展，OpenAI 和 Deepseek 的最新推理模型已经可以直接编写代码解决大部分 Codeforces 题目。十多年过去，每个人多少都有了工作与生活中的烦恼。在现实压力和时间流逝中，ACM 赛场上的光环再耀眼也会逐渐黯淡。此时回想 ACM 竞赛的经历，我早已不再执着于某道题的解法或某场比赛的名次。能记起的，只有参与竞赛的过程本身，以及陪伴我努力的队友。ACM 竞赛的独特之处在于它是一项团队比赛：与队友讨论题目往往比独自苦思更有效；自己写的代码若有问题，还能打印出来请队友帮忙查错。赛场上，三人的默契配合，往往比各自能力之和更重要。

　　我非常庆幸能遇见波波和叉姐这两位队友，并在两个赛季里与他们并肩作战。这不仅是技术上的互补——我并非全面手，擅长的题型有限，心理素质也欠

佳，而他们恰好弥补了我的不足，让我能专注于自己擅长的事。更重要的是，这两个赛季，我感受到他们对 ACM 竞赛的热情始终如一，甚至超过了我。回想那两个赛季，赛场外的点滴更让我难忘：我们三人一起刷题、一起讨论题目和算法。无论是训练还是比赛，无论是夺得第一还是发挥失常，总会一起总结过程，记录下三人犯过的错误，以免重蹈覆辙。甚至有一次，比赛成绩不理想，不知谁半开玩笑提议自我"惩罚"，结果三人竟都剃了光头。如今想来，既酸楚又暖心。这些赛场外的回忆，远比在总决赛取得的成绩更令我珍视。

因此，当波波和赵老师说要写一本关于 ACM 竞赛赛场外故事的书时，我非常理解，也充满期待。这本书或许有虚构情节，或许改编自现实，但我相信，无论是书中主角，还是我们，或是每一个为总决赛拼搏的 ACM 选手，对 ACM 竞赛的热情都是真实的。对我而言，参与 ACM 竞赛的过程远比成绩更重要，与队友并肩努力的经历也比赛场上学到的知识更让我受益终身。希望大家能从这本书中，了解算法与代码之外，甚至赛场之外的 ACM 竞赛。

郭晓旭

ID: ftiasch

ACM-ICPC World Finals 2013 亚军，ACM-ICPC World Finals 2015 银牌

记忆总是模糊的。存在主义说，存在过就有痕迹。回想那些日子，很多细节都记不清了。只记得涵泽湖边，机房的大理石台面冰冷如铁，通宵的我一夜安眠。

那时机房里传阅着一本叫"BOOK4"的笔记本，是往届学长用 Word 98 编写的经验文档。听说他们本来想出书，最后却不了了之。现在摸着这本书的封面，突然觉得这也许是最好的结局——书里不仅有我的故事，还有那些男生们没注意到的，机房里女生的日常。

有人说："即使生命如尘，仍愿岁月如歌。"

翻开这本书，就像掀开机房那台老显示器的防尘罩。那些被静电干扰的心跳，原来一直都在这里等待被听见。

杜瑜皓

代码源首席技术官
ID：apiad, jqdai0815, xudyh
IOI 2015 金牌，Facebook Hacker Cup 2016 亚军，ACM-ICPC World Finals 2017 银牌，
Topcoder Open 2017 Algorithm 冠军，AtCoder World Tour Finals 2019 冠军

回首初涉编程与信息学竞赛的岁月，那时的交流主阵地还停留在论坛、贴吧和人人网。年少的我，第一次听说 ACRush、Petr、tourist、rng_58 这些名字和传说时，便在心里悄悄种下了"有朝一日能与他们比肩"的梦想。

在那些热闹又质朴的社区里，我见证了无数少年从懵懂的新手，在无私的分享与交流中，逐步攀登至行业高峰。他们在代码与算法的世界里相互照亮，彼此成就。可惜，随着时间流逝和社交平台的更迭，许多鲜活的故事逐渐湮没，那些曾经闪耀的 ID 也变成了记忆中的模糊符号。

在那个中国信息学竞赛尚处荒蛮起步的年代，国内选手怀着本能的谦逊与渴望，孜孜不倦地向世界高手学习。正是这种开放、进取与代代传承的精神让中国信息学竞赛，乃至整个计算机产业，最终实现了跨越式发展。

如今，人工智能浪潮席卷全球，编程已褪去神秘面纱、融入时代血脉，逐步纳入中小学基础教育体系，成为数字时代的必备素养。信息学竞赛也在更广阔的舞台上，绽放着属于它的光芒。

当我读到这本由商静波与赵馨共同创作的这部作品时，倍感欣慰。作为一位真正意义上的"竞赛常青树"，商静波完整经历并见证了信息学竞赛从荒蛮到繁盛的全过程；同时，他兼具选手、教练、学者三重身份的独特视角，为这段峥嵘岁月赋予了格外真实的还原。赵馨以细致入微的笔触，为这些珍贵记忆注入了生动的情感与光泽。

这不仅是对一段青春历程的深情回望，也是献给中国信息学竞赛的温暖礼物。

蒋凌宇

ID：jiangly

Facebook Hacker Cup 2021 第三，Google Codejam 2022 亚军，ACM-ICPC World Fianls 2022 冠军，AtCoder World Tour Finals 2023 冠军

　　当我回到母校为学弟学妹们讲课时，机房里是一双双渴求知识的眼睛，讨论声、键盘声此起彼伏。这场景将我带回了七年前，与信息学竞赛结缘，写下第一行代码的日子。刚开始，我沉迷于"刷题"，每天因通过题目数量蹭蹭上涨而沾沾自喜。但后来发现，相比看到"AC"时刹那的喜悦，将自己的解法讲给他人，或是写成文章分享思维更让人有成就感。从那以后，我便常常这样做。信息学竞赛正是在一代代选手的传承与创新中，发展到如今的高度和规模。

　　在这本书中，主人公虽身处信息学竞赛的"蛮荒时代"，却向我们展示了，信息学中永远不变的，是坚持与努力，更是分享与传承的精神。